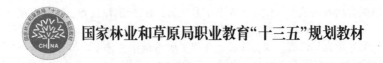
国家林业和草原局职业教育"十三五"规划教材

植物组织培养技术

（第2版）

陈剑勇　傅成杰　主编

中国林业出版社
China Forestry Publishing House

内 容 简 介

本教材充分体现高等职业教育特点，按照组织培养生产岗位与职业能力要求，以项目为载体，以能力培养为核心，设计了5个学习项目，16个工作任务。项目1重点介绍了组织培养生产场所设计与设备配置，培养基配制与无菌技术。项目2重点介绍了植物组织培养快速繁殖的基本操作流程。项目3重点介绍了脱毒苗培育的基本知识与操作方法。项目4重点介绍了植物组织培养在林木、果树、观赏植物、药用植物种苗生产上的应用。项目5介绍了组织培养技术研发与生产经营管理技术。

本教材适用于高等职业院校、中等职业学校生物技术、林学、农学、园艺、园林等专业教学，也可作为科研单位、植物组织培养实验中心、工厂化育苗公司等人员的参考用书。

图书在版编目(CIP)数据

植物组织培养技术／陈剑勇，傅成杰主编. — 2版.
—北京：中国林业出版社，2024.1
国家林业和草原局职业教育"十三五"规划教材
ISBN 978-7-5219-2477-0

Ⅰ.①植⋯　Ⅱ.①陈⋯　②傅⋯　Ⅲ.①植物组织-组织培养-高等职业教育-教材　Ⅳ.①Q943.1

中国国家版本馆 CIP 数据核字(2023)第 243684 号

策划编辑：田　苗　郑雨馨
责任编辑：郑雨馨
责任校对：苏　梅
封面设计：时代澄宇

出版发行：中国林业出版社
　　　　　（100009，北京市西城区刘海胡同7号，电话 83223120）
电子邮箱：cfphzbs@163.com
网址：www.cfph.net
印刷：北京中科印刷有限公司
版次：2014年8月第1版
　　　2024年1月第2版
印次：2024年1月第1次印刷
开本：787mm×1092mm　1/16
印张：13
字数：240千字
定价：39.00元

数字资源

《植物组织培养技术》(第2版)编写人员

主　　编：陈剑勇　　傅成杰

副主编：张付远

编　　者：(按姓氏笔画为序)

张付远(江西环境工程职业学院)

陈金龙(福建良种生物科技有限公司)

陈剑勇(福建林业职业技术学院)

余燕华(福建林业职业技术学院)

段鹏慧(山西林业职业技术学院)

徐　伟(安徽林业职业技术学院)

殷兆晴(河南林业职业技术学院)

傅成杰(福建林业职业技术学院)

《植物组织培养技术》(第1版)编写人员

主　　编：郑郁善

副主编：陈剑勇　段鹏慧

编　　者：(按姓氏笔画为序)

　　　　　王红梅(江苏农林职业技术学院)

　　　　　司守霞(河南林业职业学院)

　　　　　李荣珍(广西生态工程职业技术学院)

　　　　　陈剑勇(福建林业职业技术学院)

　　　　　郑郁善(福建林业职业技术学院)

　　　　　段鹏慧(山西林业职业技术学院)

　　　　　傅海英(辽宁林业职业技术学院)

第 2 版前言

党的二十大报告提出，全面推进乡村振兴。坚持农业农村优先发展，巩固拓展脱贫攻坚成果，加快建设农业强国，扎实推动乡村产业、人才、文化、生态、组织振兴，全方位夯实粮食安全根基，牢牢守住十八亿亩耕地红线，确保中国人的饭碗牢牢端在自己手中。"国以农为本，农以种为先"，植物组织培养技术是培育良种，实现种业振兴的重要手段。根据植物组培技术行业的发展动态，编者在第 1 版的基础上，增加了体细胞胚胎发生、果树种苗组培生产与应用、组培试验方案设计与数据调查统计等工作任务，细化了继代增殖培养与生根培养环节，同时在组培生产与应用项目中，增加了相思树、非洲菊、观赏凤梨、多肉植物、人参等植物的组培快繁生产内容，删减了菊花的组培快繁生产内容，力求使本教材更贴近种苗生产实际，能更全面系统地反映植物组织培养技术的研究现状及发展方向。

本教材基于植物组培生产岗位与职业能力分析，以项目为载体，以能力培养为核心，设计了植物组培生产设施与操作、植物组培快繁、脱毒苗生产、组培生产与应用以及组培技术研发与生产经营管理 5 个项目，包括组培生产设施、植物组织培养操作、组培生产经营与管理等 16 个工作任务，同时，在任务学习之前，预先设置了课程导入部分，重点介绍了植物组织培养的基本概念和基础知识，使学生了解植物组培快繁的基础理论。

本教材适用于高等职业院校、中等职业学校生物技术、林学、农学、园艺、园林等专业教学，也可作为相关领域科研单位、工厂化育苗公司一线工作人员的参考用书。

本教材由陈剑勇负责课程导入、任务 1-1、任务 1-2、任务 2-1、任务 2-2、任务 4-4（铁皮石斛、金线莲）、任务 5-1、任务 5-2、任务 5-3 的编写工作并做全书统稿；傅成杰负责任务 4-1（桉树）的编写，并协助统稿；张付远负责任务 2-3、任务 2-4、任务 4-1（相思树）、任务 4-3（兰花、红掌）编写；段鹏慧负责任务 3-1、任务 3-2、任务 4-3（多肉植物）编写；徐伟负责任务 4-2（草莓、葡萄）、任务 4-3（非洲菊、观赏凤梨）编写；殷兆晴负责任务 2-5、任务4-1(杨树)、任务4-3(樱花、月季)、任务4-4(人参)编写；余燕华负责任务4-2(香蕉)、任务4-3(红叶石楠)编写；陈金龙参与了任务4-4(铁皮石斛、金线莲)的编写，并协助完成图片的收集工作。

  本教材的出版与全体编写人员的共同努力是分不开的，在此深表谢意。教材在编写过程中引用了部分资料和图片，在此一并向相关作者表示衷心感谢。

  由于时间仓促，编者水平有限，错误遗漏在所难免，恳请同行和读者批评、指正。

编　者

2023年12月

第 1 版前言

"十二五"期间,生物产业已作为战略性新兴产业已列入国家总体发展规划。植物组织培养技术作为一项新兴的生物技术在生物产业特别是生物农业中发挥着越来越重要的角色,必然急需一大批生产、管理第一线的技术技能型人才。为了让更多的人了解植物组织培养的基本理论、基本方法,掌握组织培养应用技术,我们在汲取他人经验的基础上,结合多年来实践经验与教训,编写了这本书。《植物组织培养技术》是全国高等职业院校生物技术类专业教材,适用于全国高等职业技术院校、中等职业学校的生物技术、林学、农学、园艺、园林等专业,也可供生物技术领域科研应用单位、组培实验中心、工厂化育苗公司等一线需要的技术技能型人才或高级劳动者学习参考。

本教材基于组培生产岗位与职业能力分析,体现高职教育的岗位针对性和应用性,以项目为载体,以能力培养为核心,设计了组培生产设施与操作、植物组培快繁、脱毒苗生产、组培生产与应用和组培生产经营与管理 5 个项目,包括组培生产设施、植物组织培养操作等 12 个工学结合工作任务,基本涵养了植物组织培养所需的生产、管理和销售等岗位的知识与技能。项目选取组培技术与产业的发展态势,在任务设计上按照任务目标、任务描述、任务实施、任务提交、相关知识、拓展知识的体例编排,突出任务的可操作性和生产实用性。全书的项目、任务之间相对独立,便于各高职院校教师结合区域特点,产学合作的实际,以及季节、农时等因素,灵活安排任务教学。通过对本教材的系统学习和训练,学生能够掌握通俗易懂的理论基础知识,也能掌握实践操作技能,培养学生的分析能力和解决问题的能力,为今后就业、创业打下坚实的基础。

为了能充分发挥各自的专长,我们采取分工负责、积极合作的方法,由郑郁善、陈剑勇负责任务 1、任务 2、任务 6、任务 11(金线莲组培快繁生产)和任务 12 的编写工作并做全书统稿;段鹏慧负责任务 3、任务 10(兰花、红掌组培快繁生产)编写;傅海英负责任务 4、任务 5 编写;司守霞负责任务 7、任务 8、任务 9(杨树组培快繁生产)编写;李荣珍负责任务 9(桉树组培快繁生产)、任务11(铁皮石斛组培快繁生产)编写；王红梅负责任务10(红叶石楠、樱花、菊花、月季组培快繁生产)。本教材在编写过程中引用了部分同行资料和图片，在此表示真诚谢意。

由于时间仓促，编者水平有限，错误遗漏在所难免，恳请同行和读者批评指正。

编　者

2014 年 3 月

目 录

第 2 版前言

第 1 版前言

课程导入 1

项目 1 组培生产设施与操作 9
    任务 1-1 设计组织培养生产车间 10
    任务 1-2 配置培养基与灭菌 22

项目 2 植物组培快繁 34
    任务 2-1 掌握初代培养 35
    任务 2-2 掌握继代增殖培养 44
    任务 2-3 掌握生根苗培养 53
    任务 2-4 驯化和移栽组培苗 65
    任务 2-5 体细胞胚胎发生 73

项目 3 脱毒苗生产 82
    任务 3-1 培养植物脱毒苗 83
    任务 3-2 鉴定植物脱毒苗 92

项目 4 组培生产与应用 98
    任务 4-1 生产林木组培苗 99
    任务 4-2 生产果树脱毒苗 110
    任务 4-3 观赏植物组培快繁生产 119
    任务 4-4 药用植物组培快繁生产 140

项目 5 组培技术研发与生产经营管理 152
    任务 5-1 识别处理异常培养物 153
    任务 5-2 设计组培试验方案 164

目录

任务 5-3　熟悉组培生产经营管理 …………………………………… 174

参考文献 ……………………………………………………………… 188

附录 1　任务实训报告 ………………………………………………… 196

附录 2　乙醇稀释简便方法，稀酸和稀碱的配制方法 ……………… 197

附录 3　常用英文缩略语 ……………………………………………… 198

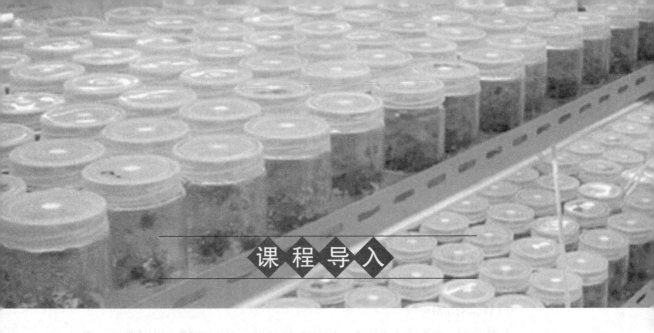

课程导入

1. 植物组织培养的基本概念及类型

1）植物组织培养及相关概念

植物组织培养是指在无菌条件下,将植物的离体器官、组织、细胞以及原生质体等,应用人工培养基,创造适宜的培养条件,使其长成完整小植株的过程。

植物组织培养又称植物无菌培养。根据培养基的形态,植物组织培养分为固体培养和液体培养两种。固体培养是在植物无菌培养的培养基中加入琼脂,使培养基固化,被培养的植物茎段、侧芽、顶芽容易插入固定,有利于器官(茎、芽、叶、根等)的分化生长。液体培养是指培养基中不加琼脂,培养基为液体,被培养的植物器官、组织或细胞悬浮在液体中,又称悬浮培养。在培养过程中,将培养基和被培养器官、组织、细胞放入振荡器中振荡而完成培养过程,称为振荡培养,这种方法主要用于组织培养或细胞培养。将培养基和被培养器官、组织、细胞放入摇床旋转,称为旋转培养,这种方法主要用于器官脱分化培养。在培养基中放入滤纸,再将材料置于滤纸上进行培养称为纸桥培养,这种方法主要用于植物脱毒茎尖培养。

在植物组织培养过程中,由植物体上切取的根、茎、叶、花、果、种子等器官以及各种组织和细胞统称为外植体。

愈伤组织是指形态上没有分化但能进行活跃分裂的一团细胞,细胞排列疏松无序或较为紧密,多为薄壁细胞。在自然状态下,当植物体的一部分受到机械损伤、昆虫咬伤或由于风、雪等自然灾害的袭击而局部受伤时,经过一段时间的修复,便会在伤口处形成一团愈伤细胞,对植物体起保护作用。愈伤组织的产生是植物受伤部位的组织代谢发生暂时紊乱,诱导内源生长素和细胞分裂素加速合成的结果。在离体培养条件下,许多植物的外植体也会出现类似情况，在外植体切口处及其附近形成愈伤组织，这主要是由于培养基中外加生长素和细胞分裂素。与自然条件下产生的愈伤组织不同，离体培养条件下产生的愈伤细胞具有再分化的潜力，在适宜的培养基上和有利的培养条件下可再分化出一个完整的植株。因此，诱导培养的外植体产生愈伤组织，使愈伤组织再分化产生幼小植物体，是植物组织培养中一项很重要的技术。

2) 植物组织培养的类型

根据植物组织培养的应用目的不同，研究方向和培养形式不同，植物组织培养可分为以下几种类型。

(1) 植物培养

植物培养(种子培养)是指幼小植株的培养。某些植物的种子微小，常规播种基质和环境温湿度、光照不能满足种子发芽所要求的条件，采用组织培养进行无菌播种，可使幼小植株正常生长发育，茎、叶、根、花等器官正常分化。

(2) 器官培养

器官培养是指将植物的根、茎、芽、叶、花、果等离体器官(外植体)，经诱导形成器官的再生体而培养成完整小植株，也称植物离体培养。器官培养适于组培快繁工厂化应用，生产时间短、速度快、生产量大、成本低、便于操作、种苗遗传稳定性高，是组培企业生产的主要技术手段，如马铃薯器官离体快繁、中国兰花的根状茎培养等。

(3) 离体胚培养

将分化过程中成熟或未成熟的胚取出进行培养称为离体胚培养。在远缘杂交中，杂交后形成的胚往往尚未成熟就停止生长，不能形成有生命力的种子，因而杂交不孕，这给远缘杂交造成了极大的困难。而离体胚培养，可克服远缘杂交不亲和的障碍。

(4) 细胞培养

细胞培养是外植体在人工条件下(外源激素、人工培养基、适宜的温度和光照)经诱导产生脱分化过程，形成愈伤组织，然后进行愈伤组织培养。愈伤组织在特定条件下(外源激素、人工培养基、适宜的温度和光照)经诱导产生再分化过程，形成丛生芽或胚状体，再形成完整的小植株。

(5) 原生质体培养

原生质体培养是指将植物细胞去除细胞壁后形成裸露的原生质体，把原生质体放在无菌的人工条件下使其生长发育的技术。原生质体培养及在此基础上诞生的细胞融合是细胞工程的核心。

(6)基因工程

植物基因工程是指利用重组DNA、细胞组织培养等技术，将外源基因导入植物细胞或组织，使遗传物质定向重组，从而改良植物性状，培育优质高产的植物新品种。自1983年首次诞生转基因植株以来，在人工控制条件下利用植物遗传转化定向改良植物性状已逐渐成为选育植物新品种的有效途径。

2. 植物组织培养的基础理论

1) 植物细胞全能性

植物细胞全能性是指植物的每一个细胞均携带着该物种一套完整性的基因组，并具有能重复个体的全部发育阶段和产生所有细胞类型、发育完整个体的能力。植物细胞全能性是一种潜在的能力，不管是性细胞还是体细胞，在特定条件下都能表达出来，产生一个完整植株。植物组织和细胞培养就是以细胞全能性作为理论依据，人工创造出适合于生长的理想条件，使细胞的全能性得以发挥。

2) 植物细胞分化和脱分化

一粒成熟的种子含有一个小小的胚，也称为胚胎。构成胚胎的所有细胞几乎都保持着未分化的状态和旺盛的细胞分裂能力，随着时间的推移，细胞的命运发生不同变化，形态和功能也发生变化，有的形成叶的细胞，有的形成根的细胞，有的形成茎的细胞，有的仍保持分裂能力，有的则逐渐失去分裂能力，细胞的这种在形态结构和功能上发生永久性（不可逆转性）适度变化的过程称为分化。

把一个已经失去分裂能力、处于分化成熟和分裂静止状态的细胞置于特定的增殖培养基上，使其回复到分生性状态并进行分裂，形成无分化的细胞团即愈伤组织的现象称为脱分化。经过脱分化的细胞如果条件合适，就可以长久保持旺盛的分裂状态而不发生分化。由无分化的愈伤组织的细胞再转变成为具有一定结构、执行一定生理功能的细胞团和组织，构成一个完整的植物体或植物器官的现象称为再分化。一个已分化细胞要表达出其全能性，就要经过脱分化和再分化的过程，这就是植物组织和细胞培养所要达到的目的。设计培养基和创造合适培养条件的主要原则是促使植物组织和细胞完成脱分化和再分化，培养的主要工作是设计和筛选培养基，探讨和建立合适的培养条件。植物激素对调节细胞脱分化和再分化起主要作用。植物对激素的反应十分敏感，培养基中生长素类和细胞分裂素类的种类、相对比例和绝对量都能直接影响细胞脱分化与再分化的过程，组培中常常通过调节激素的种类、浓度和相对比例达到调节脱分化和再分化的目的。

3）细胞再分化和形态（器官、胚）建成

植物细胞脱分化过程的难易程度与植物种类、组织和细胞状态有直接关系。一般单子叶植物和裸子植物比双子叶植物难度大，成年细胞和组织比幼年细胞和组织难度大，单倍体细胞比二倍体细胞难度大。脱分化后的细胞进行再分化过程有两种不同的形式：一种是器官形态建成，愈伤组织不同部位分别独立形成丛生芽，形成的时间不一致；另一种是胚形态建成，在愈伤组织表面或内部形成很多胚状体，也称体细胞胚或胚状体，它的生长发育与合子胚相似，成熟胚状体的结构与合子胚相同。在某些情况下，再分化可以直接发生在脱分化的细胞中，其间无须再插入一个愈伤组织阶段，直接分化出芽或根，形成完整植株。

3. 植物组织培养的意义、特点及应用

1）植物组织培养的意义

植物组织培养是一项新兴的生物工程技术，已在农业、林业、生物医药产业等领域发挥越来越重要的作用。随着农业科技、环保科技和制药科技的发展，我国不断加大力度支持科学技术成果转化和技术推广应用工作。各大院校、科研机构对商业化组织培养生产越来越重视，纷纷投资建设生物技术公司或商业化运转的生产实体。组织培养具有不占耕地、生产不受季节限制而且能够全年连续进行、不受灾害性天气和病虫害影响的特点。同时，由于组织培养中植物材料的生长环境是人为创造和可以人为控制的，并且采用了更适于植物生长的培养基代替土壤提供植物材料生长发育需要的养分和生长调节物质。因此，技术效果稳定，无论是小规模还是大规模的生产，只要生产计划合理，产品适销对路，一般可以取得较高且稳定的经济效益。

2）植物组织培养的特点

①遗传稳定性优势明显，有利于良种保持　植物组织培养技术属无性繁殖范畴，通过茎尖、茎段等发生不定芽的方式或胚状体繁殖方式可获得大量形态、生理特性不变的再生植株，保持母本的优良特性。利用植物体的微茎尖（≤0.5mm）进行培养，可获得无病毒植株，解决了种苗退化问题。

②生长快，周期短，繁殖率高　植物组织培养由于是人为控制培养条件，根据不同植物、不同离体器官的不同要求而提供不同的培养条件，因此植物体

生长较快。另外，植株也比较小，往往1~2个月就可完成一个生长周期，且植物材料能按几何级数繁殖生产。因此，虽然组培生产需要一定的设备及能源消耗，但总体来说成本低廉、效果优良，能及时提供规格一致的优质种苗或脱毒种苗。

③经济方便，效率高　植物组织培养快速繁殖以茎尖、侧芽、根、叶、子叶、下胚轴、花瓣等作为材料进行器官培养，只需几毫米甚至不到1mm大小的材料。由于取材少、培养效果好，对新品种的推广和良种复壮更新，都有重大的实践意义。

④培养条件可以人为控制　植物组织培养采用的培养材料完全是在人为提供的培养基及小气候环境条件下生长，摆脱了大自然中四季、昼夜的变化以及灾害性气候的不利影响，且条件均一，对植物生长极为有利，便于稳定地进行周年生产。

⑤管理方便，利于工厂化生产和自动化控制　植物组织培养是在一定场所和环境下，人为提供一定的温度、光照、湿度、营养、激素等条件，既利于高度集约化和高密度工厂化生产，也利于自动化控制生产。与盆栽、田间栽培等相比省去了中耕除草、浇水施肥、病虫害防治等繁杂的劳动，可以大大节省人力、物力及土地。

3）植物组织培养在生产中的应用

(1) 优良品种的快速繁殖

植物用种子繁殖，其后代可能发生变异，不能保持原有的优良性状。如果采用常规的无性繁殖方法，繁殖系数低。采用组织培养无性系快速繁殖，以微小的植物材料、较高的增殖倍数和较快的繁殖速度，可以一年生产几万、几十万甚至几百万株小苗，达到繁殖材料微型化、培养条件人工化，实现育苗的工厂化生产，从而大幅度提高经济效益。

在组织培养快速繁殖方面，许多品种已实现了规模化生产，如海南、广东、广西的桉树苗，云南、上海的鲜切花种苗，福建、浙江的金线莲、铁皮石斛种苗，江苏、河北的速生杨种苗等。

(2) 无病毒苗木培育

土壤栽培易使植物感染病毒，导致植株发病，而通过常规的繁殖方法繁殖得到的带病毒母株会将病毒传递给幼苗，给生产带来较大的损失。如柑橘的衰退病曾经毁灭了部分橘园，葡萄扇叶病毒侵染使葡萄产量降低10%~50%，而危害马铃薯的病毒已达十余种。过去常采用拔除病株的方法，近年来又实施了抗病育种和综合防治等系列措施，虽然取得了一定成效，但由于种苗本身带有病毒，仍不能彻底解决问题。为了解决这一难题，研究人员采用各种方法对带病毒植株进行脱毒处理，以期建立无病毒种苗供应市场需求。

将植物预先培养出幼嫩的生长点，放在高温（38℃）下处理60~90d，即可脱去部分病毒；再取0.5mm植物茎尖进行无菌培养，获取脱毒植物茎尖，检测达到标准指数后可快速繁殖脱毒种苗。常见脱毒生产的植物有马铃薯、甘薯、草莓、姜、大蒜、香石竹、兰花、百合、大丽花、郁金香等。种苗脱毒后建立原种田，采用脱毒苗生产，产量明显提高。目前，我国已建立了很多脱毒种苗生产基地，培养无病毒种苗供应全国生产栽培，经济效益非常可观。

（3）培育新品种

常规的育种工作是一个漫长的过程。植物组织培养应用现代技术手段解决了育种周期长、技术烦琐、短期效果不明显的问题。

①诱导和筛选突变体　在细胞培养的过程中，由于培养基、激素、培养条件不同，会产生一些突变体。把这些突变体选择出来进行培养，可选育出具某些抗性或单纯营养型的品种。

②细胞原生质离体培养　从细胞中提取细胞质，将携带遗传物质的原生质体培养成小植株。

③体细胞杂交　也称细胞原生质融合，提取的细胞原生质在人为条件下，用一定的方法诱导，促进细胞原生质体的融合。

（4）基因工程应用

转基因花卉就是利用分子生物学技术，将花卉中某些基因转移到其他花卉植物中去，改变原有花卉的遗传物质，使其在花色、花形、抗逆性等方面有所改变，提高其观赏价值和应用价值。

我国特有的金黄色山茶花（金花茶），因其具备其他山茶花所没有的金黄色花色素遗传基因，很长时间都被国外行家作为猎取的对象。三色堇、矮牵牛常常有多种颜色，这是它们体内存在相关色素的基因所致，也有一些是经过转基因育种获得的新品种。香豌豆、夜来香中发出的香味与其独特的基因有关，将香豌豆中产生香味的基因除去后，新品种香豌豆就失去了香味。大花蕙兰通过转基因育种，育成了有香味的转基因大花蕙兰。

花卉的抗病抗虫、抗热耐寒等特性都由体内特有的基因所支配。对露地栽种或者引入北方栽培的花卉来说，培养抗逆性特别重要。彩色马蹄莲栽种时最易发生细菌腐烂病。但是有些品种本身具有抵抗细菌病的基因，将其抗病基因转入易感病品种，感病马蹄莲就成为抗病品种。

(5) 植物资源离体保存

植物离体保存是将单细胞、细胞原生质体、愈伤组织、体细胞胚、试管苗等组织培养物，保存在抑制生长、缓慢生长或不能生长的条件下，达到保存植物种质资源的目的。植物资源保存有以下几种方法：生态保存、种子保存和离体保存，保存的植物有名特新优品种、自然界中面临濒危的植物资源等。

通过组织培养保存植物资源不受环境影响，节省空间、人力和物力，便于管理，随时可开发应用，也便于国际植物资源的交换交流。

(6) 其他方面的应用

利用植物组织或细胞大规模培养，可提取出人类需要的多种天然产物，如蛋白质、脂肪、香精、药物、生物碱等。这些有机物是高等植物的次生代谢产物，产量极其有限，有些还不能人工合成，所以远远不能满足市场需求。利用组织培养技术培养植物的某些器官或愈伤组织提取次生代谢产物，筛选合成能力高、生长快的株系，工业化生产植物次生代谢产物，是获得某些天然产物行之有效的方法。

4. 植物组织培养的发展及展望

1902年，德国植物学家哈伯兰德提出高等植物组织和器官可以不断分割，直至单个细胞，并且每个细胞都具有进一步分裂分化、发育的能力。1943年，美国科学家怀特提出"植物细胞全能性"学说，即植物的每一个细胞都像胚胎细胞一样，可以在体外培养成一棵完整的植株，这现已成为植物组织培养的理论基础。

植物组织培养的商业性应用始于20世纪70年代美国的"兰花工业"。在"兰花工业"高效益的刺激下，植物离体微繁技术和脱毒技术得到了迅速发展，实现了试管苗产业化，取得了巨大的经济效益和社会效益。早期组培苗产业化生产主要集中在发达国家，如美国、荷兰、英国等，随着劳动力成本的增加，组培快繁产业也逐渐向工资低廉的发展中国家转移，如印度等。我国植物组织培养产业化具有种质资源、人力及技术上的优势，加上各地政府对现代农业的高度关注，近年来组培快繁企业如雨后春笋般在全国各地建立，大力繁殖珍贵花卉、药用植物及速生丰产林种苗，取得了显著的成效。

植物组织培养作为一项高新技术，应用前景十分广阔，在科技发展的时代，除了目前所掌握和了解的技术之外，将来还可以从以下几个方面进行应用开发：挽救濒临灭绝植物、快速繁殖稀有植物或有较大经济价值的植物、作为植物生物反应器、超低温保存植物种质资源等。

综上，植物组织培养仍然处于发展阶段，远远没有达到高峰期，很多机理还没有探究清楚，它的潜力还远远没有发挥出来。在今后的几十年内，组织培养在我国将会有更大的发展，在农业、制药业、加工业等方面将会发挥更大的作用，创造出更加辉煌的成绩。

项目1 组培生产设施与操作

知识目标

1. 理解组培生产设施设计的原理及要点。
2. 掌握培养基配方的组成。
3. 掌握培养基配制与灭菌原理。
4. 掌握组培无菌操作原理。

技能目标

1. 会独立设计植物组织培养实训室,合理配备仪器设备。
2. 会配置培养基母液。
3. 会配置培养基。
4. 会使用各种灭菌技术。

素养目标

1. 培养学生善于思考、富于创新的能力。
2. 培养学生的实际动手能力和同学间密切合作精神。
3. 提高学生理论联系实际分析问题和解决问题的能力。

任务1-1 设计组织培养生产车间

🏠 工作任务

任务描述：采用组织培养技术进行植物种苗的工厂化生产工序包括入选品种外植体的筛选及获取、外植体灭菌诱导培养、无菌材料繁殖、继代扩繁、单株生根、出瓶过渡炼苗、包装进入市场等。

通过本任务的学习，全面理解植物组织培养基本理论知识，合理考虑工厂化生产的每道工序，规划好植物组织培养生产车间的空间布局和功能划分，选择性能合适的仪器设备，能独立设计一个布局合理、功能齐全的植物组织培养生产车间。

材料和用具：测量仪器、绘图工具、绘图纸、绘图软件、相关教学案例及教学资源等。

🌐 知识准备

1. 植物组织培养场地

1）选择要点

植物组织培养快速繁殖（简称组培快繁）是一种密集型集约化生产，需要无菌环境，应选择周围安静、无污染、阳光充足、无高大建筑物遮挡的场地，不能选择商业闹市环境，更不能选择有化工产品生产的场地，否则容易造成空间的污染，对生产造成影响。最好选在花卉、蔬菜、果品生产地附近，方便种苗运输和保鲜，也适应植物组培快繁生产的需要。在长江以北地区建设厂房，应选择地势平坦的地方，坐北朝南。厂房后面种植高大的树木，秋冬季挡风防寒。在长江以南地区建设厂房，应选择地势平坦、前后都没有建筑物的场所，有利于春、夏、秋三季的通风。

2）主要构成

植物组织培养要求无菌环境，应建设一座比较大的厂房，在大厂房内间隔成若干操作间，这样有利于环境的无菌隔离保护。其中再设药品贮藏间、药品配制间、玻璃器皿洗涤间、培养基制作间、消毒灭菌操作间、试管苗无菌转接操作间、试管苗无菌培养间等操作分室。

药品贮藏间主要用于药品的贮藏。植物组培快繁生产需要许多化学药品，这些药品的质量和保存直接影响到培养效果。环境温度过高、湿度过大和光照过强等不良环境条件，严重影响药品的质量和使用期限。为了保证生产正常和生产效益，必须建立一个单独的药品贮藏间。药品贮藏间内应分别设置几个药品橱，药品橱的设计以内部阶梯式结构较为合适，药品的摆放应按一定的顺序，每一层上摆放一行，这样一目了然，工作十分方便。同时应建立药品购进和使用档案，记录药品的购进日期、数量，取用的数量、日期及使用人员等，防止药品过期贮藏、影响生产，有利于生产按计划进行。植物组培快繁大规模工厂化生产所用的药品，可选用厂家批量生产的药品，经过预备实验，应用于大量生产，以降低成本、节约经费。如琼脂粉，大量购买时价格便宜，而小包装价格高。如果小范围实验，可用市场零售的分析纯试剂，分析纯试剂质量好、实验效果佳。有些药品用量很少，也可用分析纯试剂，如微量元素、有机物等。有些药品还可选用代替品，如蔗糖可用白砂糖代替，以降低生产成本。易燃、有毒的药品最好单独存放，可在药品贮藏间的一角设置一个通风橱，以存放这些特殊药品和进行特殊操作。药品贮藏间内还可存放一些干燥、暂时不用或利用率较低的玻璃器皿或其他实验用品，如脱脂棉、滤纸、纱布等，这些物品应单独存放在一个橱柜内或在药品橱内设置独立的隔层。

因配制好的培养基和一些器皿需要尽快进行高温高压灭菌，所以消毒灭菌操作间最好和培养基制作间相邻或尽量靠近，如果两处相距太远会给工作带来诸多不便。灭菌室面积可小一些，其内除放置灭菌锅外最好还有临时存放培养基、培养器皿的架子，也应有自来水装置。灭菌室可根据灭菌锅的多少、工作量的大小确定面积，要求房间有较好的通风散热条件，且要配备专门的电源线路，因为电热灭菌锅的耗电量很大，普通的照明线路或动力线很难承受。

2. 植物组织培养仪器设备

植物组织培养是一项技术性很强的工作，工作人员首先要对组织培养的相关设备、用具的功能、使用方面及注意事项有系统的了解，才能保证组织培养工作的顺利进行。生产仪器设备的配备要在满足规模化生产需要的前提下，尽可能地提高设备的利用效率，降低组培生产成本。由于组培苗生产从进瓶到出瓶都是在无菌条件下完成，故考虑组培工厂规模时通常以购买多少无菌工作台来衡量。要根据市场需求规律，按最高供应季节需求量除以月生产量来确定必须购置的无菌工作台数量。当工作台数量确定后，才能设计无菌工作台的摆放方式，计算出接种室的需求面积。

围绕组培工厂建设，其他必备的配套设施设备及操作用具购置的数量，应以每个无菌工作台的需求量计算，解剖刀、镊子、刀片等常用工具还要有充足的备用量。试管苗出瓶、移栽需要安排在过渡培养温室或大棚内进行。现代的组培工厂还需要建有种质资源保存圃、原原种圃、原种圃、生产性栽培展示区等，其面积的大小应根据不同植物的种类来确定。

任务实施

1. 选择组培生产场地

育苗生产场所选址要求排灌水方便、远离污染源、水电供应充足、交通便利(但要远离交通干线200m以外)，周边环境清洁，地下水位在1.5m以下。一般建在城市的近郊区。其规模大小要根据市场需求、年预期产苗量、投资额、现有条件等因素综合确定，体现适用性。

流水线设计应布局合理，符合生产工艺流程和工作程序，便于操作，体现系统性、适用性，利于提高生产效率。充分考虑准备室、配药室、接种室、缓冲室、培养室、洗涤室、高压灭菌室及育苗温室的区划和布局。育苗工厂各车间的大小与相对比例合理，在车间的设计和设施设备的配置、摆放上与其功能相适应。特别是接种车间和培养车间要求空间密闭，保温性能良好，能够充分利用自然光照，以减少污染及能耗。为了节省用地，也可以改成楼层设计，但必须增加电梯吊装设备，并考虑流水作业的便捷性。

建筑与装修材料要经得起消毒、清洁和冲洗；厂房的防水处理应高标准，不能有渗雨、漏雨现象；地基最好高出地面30cm以上。

2. 设计育苗车间

1) 设计药品贮藏间

贮藏间的大小可根据药品的多少和生产规模确定，一般面积为$10\sim15m^2$，可分成两间，里间贮藏药品，外间配制药品。要终年保持相对较低的温度和较好的通风干燥条件，同时要遮光，防止药品受到太阳光直射。在药品贮藏间内应分别设置几个药品橱，将固体药品和液体药品分开，大包装与小包装分开，常用药品与不常用药品分开，危险、易燃、易爆、有腐蚀性的药品与普通药品分开。贮藏间内还应放一台大容量的电冰箱，便于分门别类地保存激素、抗生素和各种需低温保存的药品。

2) 设计药品配制间

药品配制间主要用于配制各种母液，配制大量元素、微量元素、有机溶液、铁盐和各种激素、植物提取物等，面积为$15m^2$左右。房间内设立一个实验台，实验台最好选用抗盐酸台面，要牢固、平稳，具有较好的抗震性能，主要放置磁力搅拌器、电子天平等。台面不平，会导致天平称取量不准确，给生产带来影响。实验台的抽屉内存放称量药品用的药匙、称量纸、毛刷、吸水纸等。毛刷用于及时清扫天平上和天平周围实验台上散落的药品，用于清扫天平的毛刷一定要柔软，且不易掉毛。擦拭药匙宜选用柔软、纤维较长、质量较好的吸水纸，质量不好的吸水纸含尘量和含菌量都较高，可能会给实验带来影响。称量纸应用蜡光纸、硫酸纸或其他专用纸，不可随便使用粗糙不干净的纸张，更不能用报纸代替。

3) 设计玻璃器皿洗涤间

玻璃器皿洗涤间用于完成玻璃器皿的清洗、干燥和贮存，一般面积为 $20m^2$ 左右。房间内应配备大型水槽，最好是白瓷水槽。为防止碰坏玻璃器皿，可铺垫橡胶。上下水管道要畅通。需备周转箱，用于运输培养器皿。还需备干燥架，用于放置干燥洗净的培养器皿。

玻璃器皿如三角瓶、培养皿、量筒、烧杯等在生产中需求量很大，这些器皿的清洗、消毒、干燥、存放等需要一个比较固定、宽敞的区域，在该区域内要有自来水、各种水槽、水盆、摆放器皿的架子等，最好还有干燥箱。

4) 设计培养基制作间

培养基制作间主要应用于培养基的制作，面积大约为 $30m^2$。制作间内应有大型实验台，用于培养基制备、分装、绑扎等操作。

制作间内还需要另外配备常温冰箱、液化气炉灶、电炉、微量可调移液器、酸度计等，用于琼脂溶解、培养基酸碱度调节等。

培养基制作间最好还能配备防尘设备，保持清洁卫生，玻璃窗上装换气扇，在门口设缓冲区，尽量减少污染。在房间的一角安装对外通风橱，以排放有毒、有害气流。

5) 设计消毒灭菌操作间

消毒灭菌操作间主要用于培养基消毒灭菌，也用于污染瓶苗的消毒灭菌，面积在 $30m^2$ 左右。消毒灭菌间可根据灭菌锅的多少配备专门的电源线路，因为电热灭菌锅耗电量大，普通的照明线路不能承受。消毒灭菌锅的上方安装通风散热设施或排气扇。消毒灭菌间还要有存放培养基、培养器皿的架子，安装自来水装置等。消毒灭菌锅是一种高温高压容器，操作人员经过一定的专业技术训练才能操作，且在操作过程中一定要认真、负责、细心，及时检查核对锅内的水位、压力表、放气阀、安全阀等，切勿违规操作。

6) 设计试管苗无菌转接操作间

试管苗无菌转接操作间是对培养的植物材料进行无菌转接操作的场所，如材料的灭菌、接种、无菌材料的继代转接、丛生苗的增殖或切割嫩茎插植生根等，面积在 40~50m²。要求房间内干爽安静，清洁明亮，墙壁光滑平整，不易积染灰尘，地面平坦无缝，便于清洗和灭菌。操作间最好用水磨石地面或水磨石砌块地面、白瓷砖墙面和防菌漆天花板等。门窗要密闭，一般用移动门窗。在无菌操作间与外界或其他房间衔接处，隔出一个小缓冲室，工作人员进入无菌操作间前需在缓冲室里换上无菌工作服、拖鞋，戴上口罩、防尘帽等。

无菌转接操作间内应安装空气调节机（空调），使室内温度保持在 25℃ 左右。温度过高，试管苗在切割转接过程中容易萎蔫；温度过低，试管苗不适应，容易受伤。操作间内安置无菌工作台，无菌工作台开机后，在操作区内，形成一定的风速，使操作区内形成暂时性无菌环境，在无菌环境中转接试管苗。无菌工作台的数量应根据生产量来设计，日生产组培苗瓶数及培养期，结合周转期计算需要的培养架数量，以此为基础计算出培养室需求面积。一般为一台无菌工作台，需配备培养架 4 架（1.2m×0.5m×5 层），无菌操作室与培养室的面积比例为 1:(1.5~2.0)。

图 1-1 试管苗无菌培养间

7）设计试管苗无菌培养间

试管苗无菌培养间是用于试管苗培养的场所（图 1-1），面积在 100m² 左右。最好与试管苗无菌转接操作间相邻，试管苗转接后能及时地运送到培养间培养。

试管苗无菌培养间要求房间内恒温、恒湿、无尘，温度常年维持在 25℃ 左右，相对湿度应在 70%~80%。培养室内有规律地安放培养架。无菌培养室内按空间的大小安装紫外灯，定时对整个房间进行杀菌处理。进入无菌培养间要穿消毒拖鞋或一次性消毒鞋套，避免带入菌体。非工作人员不能进入无菌培养间。

3. 设计试管苗驯化移植大棚

试管苗进入大田栽培之前，必须在近似自然条件的环境中经一定时间锻炼，这种锻炼称为驯化移植，也称炼苗。试管苗经驯化移植，大田栽培成活率高，生长旺盛而整齐。

驯化移植的条件越接近自然，驯化效果越好。长江以北地区通常在日光温室内对试管苗进行驯化移植。长江以南地区通常在连栋大棚内对试管苗进行驯化移植。

1)日光温室

日光温室在北方地区又称为钢拱式日光温室、节能温室,主要利用太阳能作为热源提高室内温度(图1-2)。这种温室前后跨度为5~7m,中柱高2.4~3.0m;后墙厚50~80cm,用砖砌成,高1.6~2.0m;以钢筋为骨架,拱架为单片桁架,上弦为14~16mm的圆钢,下弦为12~14mm的圆钢,中间用8~10mm的钢筋作拉花,宽15~20cm。拱架上端搭中柱上,下端固定在前端水泥预埋基础上。拱架间用3道单片和架花梁横向拉接,以使整个骨架成为一个整体。温室后屋面可铺泡沫板和水泥板,抹草泥封盖防寒。后墙上每隔4~5m设通风口。

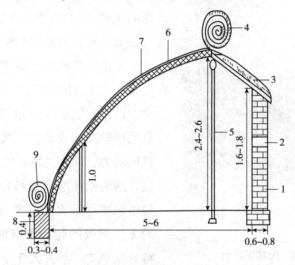

图1-2 全日光温室(单位:m)

1. 后墙 2. 通风口 3. 后屋面 4. 草苫丁 5. 中柱
6. 人字形拱架 7. 薄膜 8. 防寒沟 9. 纸被

这种温室为永久性建筑,坚固耐用,采光性好,通风方便,易操作,但造价较高。适于草本花卉、蔬菜以及木本植物的驯化移植。

2)智能型连栋式温室

智能型连栋式温室是由相等的双屋面或不等面温室借纵向侧柱或柱网连接起来、相互通连、可以连续搭接、室内串通的大型温室,又称为现代化温室。每栋可达数千至上万平方米,框架采用镀铸钢材,屋面用铝合金材料做桁条,覆盖物可采用玻璃、玻璃钢、塑料板材或塑料薄膜。冬季通过热水、蒸汽或热风加温,夏季采用通风与遮阳相结合的方法降温。整栋温室的加温、通风、遮阳和降温等工作可全部或部分由计算机控制。这种温室层架结构简单,加温容易,湿度也易维持,便于机械化操作,有利于温室内环境的自动化控制,适于蝴蝶兰、大花蕙兰、石斛、国兰的试管苗驯化移植。

4. 配置各生产车间仪器设备

应合理规划各分室所需配备的仪器设备及数量，特别是无菌工作台、高压灭菌锅、天平、pH 计、电炉、空调、培养架及各种玻璃器皿、接种器械的配备与安装位置设计。

1) 配置主要仪器设备

(1) 无菌工作台

无菌工作台为植物组织培养上最常用的无菌操作装置。无菌工作台有单人、双人式，有开放和密封式(图1-3)。

无菌工作台工作效率高，预备时间短，开机 20min 以后上台操作。在工厂化生产中，接种工作量很大，无菌工作台是很理想的设备，一般由三相电机作鼓风动力，功率 145~260W，将空气通过特制的微孔泡沫塑料片层叠合组成的超级滤清器后吹送出来，形成连续不断的无尘无菌的超净空气流，即"高效的特殊空气"，除去大于 0.3μm 的尘埃、

图 1-3　无菌工作台

真菌和细菌等。净空气的流速为 24~30min，足够防止因附近空气袭扰而引起的污染，这样的流速也不会妨碍采用酒精灯对器械进行灼烧消毒。工作人员在这样的无菌条件下操作，可以保持无菌材料在转移接种过程中不受污染。

无菌工作台的工作原理是在特定的空间内，室内空气经预过滤器初滤，由小型离心风机压入静压箱，再经空气高效过滤器二级过滤。从空气高效过滤器出风面吹出的洁净气流具有一定均匀的断面风速，可以排除工作区原来的空气，将尘埃颗粒和生物颗粒带走，以形成无菌的高洁净的工作环境。因此无菌工作台应放置在空气干净、地面无灰尘的地方，以延长使用期。若使用过久，会引起过滤装置堵塞，需要清洗和更换。

(2) 空调机

空调机(空气调节器)用于试管苗培养间和试管苗无菌转接操作间，操作间室温一般要求常年保持 25(±2)℃。

(3) 除湿机

各生产车间要求室内空气湿度恒定，一般保持 70%~80%。当空气湿度过

高时，可采用小型室内除湿机除湿，当湿度过低时，可采用喷水设备来增湿。

（4）恒温培养箱

恒温培养箱用于植物特殊培养。恒温培养箱内装上日光灯，可进行温度和光照实验。

（5）干燥箱

干燥箱可设置 80~100℃ 的温度，迅速干燥洗净的玻璃器皿；也可以设置 160~180℃ 的温度，进行 1~3h 高温干热灭菌。

（6）高压蒸汽灭菌锅

高压蒸汽灭菌锅（图 1-4）用于培养基及器械等的消毒灭菌，有大型卧式、中型立式和小型手提式等多种，可根据生产量选用。生产量大的选用大型卧式消毒灭菌锅，一次消毒培养基 20L，工作效率高。小型手提式消毒灭菌锅使用方便灵活，可用于无菌操作转接试管苗工具的消毒灭菌。

高压蒸汽灭菌锅是一种密闭性良好又可承受高压的金属锅，其上有显示灭菌锅内压力和温度的压力表，以及排气阀和安全阀。

图 1-4　高压蒸汽灭菌锅

（7）冰箱

常用的有普通冰箱、低温冰箱等，用于常温下易变性或失效的试剂和母液的贮藏、细胞组织和实验材料的冷冻保藏，以及某些材料的预处理。

（8）天平

感量为 0.0001g 的分析天平，用于称量微量元素、植物激素以及微量附加物等。

感量为 0.1g 的托盘天平，用于称量大量元素、蔗糖和琼脂等。

（9）显微镜

显微镜包括双目显微镜（解剖镜）、生物显微镜、倒置显微镜和电子显微镜，用于进行培养时期的观察、分析。

（10）水浴锅

水浴锅可用于溶解难溶药品、溶化琼脂条和保温。

（11）摇床与转床

在液体培养中，为了改善浸于液体培养基中的培养材料的通气状况，可用摇床(振荡培养机)来振动培养容器。转床(旋转培养机)也用于液体培养,帮助使悬液均匀。

(12)酸度计

酸度计主要用于测量培养基和酶制剂的pH。常用半导体小型酸度测定仪,也可用精密的pH 5.4~7.0试纸。

2)配置小型设备及器皿

(1)试管苗培养瓶

试管苗培养瓶是用于试管苗培养的器皿或培养瓶,要求透光度好,能耐高压灭菌。主要有试管、三角瓶、L形管和T形管、培养皿、果酱瓶、兰花瓶、塑料瓶等。

(2)分注器

分注器可以把配制好的培养基按一定量注入培养器皿。也可用不锈钢锅和橡皮管来代替,但需经过反复训练,才能准确分装。

(3)移液管

在配制培养基时,生长调节物质和微量元素用量很少,只有用相应刻度的移液管才能准确量取。不同种类的生长调节物质不能混淆,要求专管专用。常用的移液管容量有0.1mL、0.2mL、0.5mL、1mL、2mL、5mL、10mL等。

(4)细菌过滤器

细菌过滤器可以对不能高温灭菌的药液进行灭菌。

(5)玻璃器皿

主要包括量筒、量杯、烧杯、吸管、滴管、容量瓶、称量瓶、试剂瓶、玻璃缸、玻璃瓶、酒精灯等各种化学实验器皿,用于配制培养基、贮藏母液、材料灭菌等。

3)金属器械用具

(1)镊子

镊子(图1-5)多用于接种和转移植物材料。

图1-5 镊子

（2）剪刀

常用的有解剖剪和弯头剪，一般用于转移植株。

（3）解剖刀

常用的解剖刀有长柄和短柄两种，用于培养材料的解剖。

（4）接种工具

包括接种针、接种钩及接种铲，由白金丝或镰丝制成，用于接种花药或转移植物组织。

（5）钻孔器

钻孔器一般是T形，口径有各种规格，在取肉质茎、块茎、肉质根内部的组织时使用。

4）其他用具

包括电炉、微波炉、大型塑料桶、搪瓷盘（接种盘）或塑料框等。

考核评价

设计组培生产车间考核评价标准

评价内容	评价标准	分值	自我评价	教师评价
组培场地的选择及育苗车间的设计	设计思路清晰，目标明确	30		
	配备有准备室、接种室、缓冲室、培养室等核心分室			
	配备有配药室、洗涤室、观察室等其他分室			
	各分室大小与相对比例合理			
	空间设计布局合理，符合生产工艺流程和工作程序			
生产车间仪器设备配置与设计	各分室所需配备的仪器设备及数量合理	30		
	无菌工作台、高压灭菌锅等主要设备配备与安装位置设计合理			
	其他设备配置到位、合理			
	设备运用恰当，数量适中			
实训报告	提交生产车间设计图	20		
	仪器设备配置说明清晰、准确			
	设计效果整洁、美观			
技能提升	会独立设计植物组织培养实训室，合理配备仪器设备	10		
	会独立查找相关资料			

(续)

评价内容	评价标准	分值	自我评价	教师评价
素质提升	培养自主学习、分析问题和解决问题的能力 学会互相沟通、互相赞赏、互相帮助、团队协作 善于思考、富于创造性 具有强烈的责任感，勇于担当	10		

知识拓展

育苗温室的设计与使用

植物组织培养试管苗是在人工创造的环境条件下生长发育的，下地移栽前需要在近自然环境下驯化一段时间，移栽前期还需要在较为完善的光、温、湿调控环境下过渡，以提高其成活率。用于试管苗驯化和移栽的设施一般以温室为主，它可为试管苗创造良好的光照、温度和湿度环境，保证试管苗的健康成长。

1. 温室的类型及应用

温室也称暖房，是采用透光材料覆盖屋面而形成的具有保护性能的育苗或栽培生产设施。温室育苗不同于室外育苗，室内生产能抵御自然灾害、防霜冻、防风等，室内的温度、光照、湿度等均较露地更易调节和控制，使之更适应苗木生长需要。温室根据覆盖材料的不同分为不同的种类，不同种类的温室构造也不尽相同。

1）玻璃温室

框架采用镀锌钢材或铝合金材料，覆盖玻璃。玻璃具有透光率高、寿命长等优点，但温室造价高，夏天降温较难，保温性比薄膜温室差。

2）塑料薄膜温室

又称塑料大棚，框架采用竹、木或钢材为骨架材料，覆盖塑料薄膜。此温室具有保温性能好、造价低等优点。缺点是覆盖材料寿命短，薄膜容易老化，透光率不如玻璃温室。

3）PC板温室

框架采用镀锌钢材或铝合金材料，覆盖PC板。此温室具有透光率高，保温性能好，寿命长等优点。缺点是造价高，PC板使用一段时间后，透光率下降影响采光量。

4）聚碳酸酯中空板温室

此温室采用聚碳酸酯中空板作为覆盖材料，使温室整体透光性好，寿命可达10年以上，保温性能较普通塑料膜或玻璃提高1倍，可节省冬季保温运行成本50%，而且外形美观漂亮，是目前国内较为先进的育苗温室。缺点是造价成本高、一次性投资大，目前只能适应于珍稀树种、花草、蔬菜等附加值较高的苗木工厂化育苗生产。

2. 温室的环境调控技术

温室育苗是一种比较先进的育苗技术，目前国内外已广泛应用。通过合理利用和科学调节温室内的小气候，能显著提高试管苗的移栽成活率，延长苗木生长周期，提高苗木产量质量。要提高苗木生长品质，就要根据苗木生长需要有针对性地采取调控技术来调整温室内的光照、温度、湿度等条件，以利于苗木生长。

1）光照调节技术

光照是苗木光合作用的主要能源，增加光照强度无疑可以提高苗木的光合强度，有利于苗木的生长。不同植物对光的需求是不一样的，一般出苗期光照强度可以小一点，以后逐渐增加，速生期应达到光饱和点，有利于提高光合速率加快苗木生长。光照强度不足的地方可采用钠光灯、碘钨灯、日光灯等人工光源辅助照明，夏、秋两季太阳照射强烈，可用遮阳网等遮阴。

2）温度调节技术

温度调节包括降温调控和增温调控两种类型。

①降温调控　当温室内温度达到30℃以上时，可以通过打开门窗通风或排气扇强制通风降温；可以通过顶喷淋降温，通过流水带走热量和蒸发耗热，以降低温度；也可以通过遮阴降温，减少太阳辐射入棚，以降低温度。

②增温调控　一是充分利用太阳辐射增温，应设法增加棚内的光辐射量，并保持温室的密封性，充分显示出其温室效应。二是应用酿热材料增温，如棚内可增施马粪、谷糠等酿热材料，通过微生物分解释放热量，以提高温度。

3）湿度调节技术

温室内的空气相对湿度一般都比较大，有利于苗木生长，但也易感染病害，应注意调节。要提高棚内湿度时，可在棚内地面喷水或安装喷雾装置定时喷雾；当棚内湿度过大时，打开门窗通风或相应提高棚内温度。根据棚内苗木对湿度的要求，可采用通风换气、改变湿度、适时适量灌水，以及地面浇灌、地面洒水及空中喷雾等方式。

任务1-2　配置培养基与灭菌

工作任务

任务描述：通过本任务学习，在掌握培养基的基本成分及其作用的基础上，按照培养基的配置步骤，进行培养基母液的配置，并利用得到的培养基母液完整实施培养基配置的工作过程。配置完成后对培养基进行灭菌保存。

材料和用具：各种精度的电子天平、大量元素、微量元素、铁盐、有机物质、植物激素、玻璃器皿、电炉等。

知识准备

1. 常用培养基成分

培养基是植物组织培养的核心，培养基的成分及其用量直接关系到外植体的生长与分化，因此掌握培养基的成分及其配制技术至关重要。自然状态下生长的绿色植物由于自身能进行光合作用，并且能合成植物生长发育所需的几乎所有有机成分，加上土壤中含有较全面的无机和有机营养成分，所以只需在适当的时候施加少量的无机肥和有机肥（复合成分），植物就能生长良好。但是，在进行植物组培快繁时，往往只是切取植物体的一小部分，它们无法自身合成生长发育所需要的全部物质，必须由培养基供给营养。

一个完整的组织培养培养基包括无机盐类、氨基酸、有机附加物、维生素、糖类、水、琼脂、植物生长调节物质等成分。

1) 无机盐类

无机盐类营养分为大量元素和微量元素。

(1) 大量元素

植物所需浓度大于 0.5mmol/L 的元素称为大量元素，主要有氧(O)、碳(C)、氢(H)、氮(N)、钾(K)、磷(P)、镁(Mg)、硫(S)和钙(Ca)等。

(2) 微量元素

植物所需浓度小于 0.5mmol/L 的元素称为微量元素，主要有铁(Fe)、铜(Cu)、锌(Zn)、锰(Mn)、硼(B)、碘(I)、钴(Co)、氯(Cl)和钠(Na)等。

这两大类元素在培养基中的含量虽然相差悬殊，但都是离体组织生长和发育必不可少的基本的营养成分，含量不足就会造成缺素症。

2) 氨基酸

氨基酸是蛋白质的组成成分,也是一种有机氮化合物。常用的氨基酸有甘氨酸、谷氨酸、精氨酸、丝氨酸、丙氨酸、半胱氨酸以及多种氨基酸的混合物(如水解酪蛋白、水解乳蛋白)等。

3) 有机附加物

有机附加物包括有些成分尚不清楚的天然提取物,如椰乳、香蕉汁、苹果汁、土豆泥、番茄汁、酵母提取液、麦芽糖等。

4) 维生素

维生素能明显促进离体组织的生长。培养基中的维生素主要是 B 族维生素,如硫胺素(维生素 B_1)、盐酸吡哆醇(维生素 B_6)、烟酸(维生素 B_3,又称维生素 PP)、泛酸(维生素 B_5)、生物素(维生素 H)、钴胺素(维生素 B_{12})、叶酸(维生素 B_{11}),还有抗坏血酸(维生素 C)等。

5) 糖类

糖类在植物组织培养中作为离体组织生长的碳源,还能使培养基维持一定的渗透压(一般在 1.5~4.1MPa)。

最常用的碳源是蔗糖,葡萄糖和果糖也是较好的碳源,可支持许多组织良好生长。麦芽糖、半乳糖、甘露糖和乳糖在组织培养中也有应用。蔗糖使用浓度为 2%~3%,常用 3%,即配制 1L 培养基称取 30g 蔗糖,由于蔗糖对胚状体的发育起重要作用,在胚培养时采用 4%~15%的高浓度。不同糖类对生长的影响不同。从各种糖类对水稻根培养的影响来看,葡萄糖效果最好,果糖和蔗糖相当,麦芽糖较差。在大规模生产时,可用食用白糖代替。

6) 水

水是生命活动过程中不可缺少的物质。在植物体中水作为植物原生质体的组成成分,是一切代谢过程的介质和溶剂。配制培养基母液时要用蒸馏水,以保持母液及培养基成分的精确性。大规模生产时可用自来水。

7) 琼脂

琼脂是一种从海藻中提取的高分子碳水化合物,本身并不提供任何营养,主要作为固体培养的凝固剂和支持物。

8) 植物生长调节物质

植物生长调节物质对愈伤组织的诱导、器官分化及植株再生具有重要的作用,主要包括生长素类、细胞分裂素类和赤霉素类等。

9) 活性炭

培养基中加入活性炭的目的主要是利用其吸附能力,减少有害物质的影响,活性炭也能对形态发生和器官形成产生良好的效应。在培养基中加入0.3%活性炭,还可降低玻璃苗的产生频率,对防止产生玻璃苗有良好作用。

10) 抗生素

抗生素有青霉素、链霉素、庆大霉素等,用量为5~20mg/L。快速繁殖中常因污染而丢弃成百上千瓶组培苗,而添加抗生素可有效防止菌类污染,减少培养过程中材料的损失,节约大量人力、物力和时间。

2. 常用培养基配方

植物组培快繁生产中常用的培养基主要有MS、White、N_6、B_5、SH、ML等,它们的配方见表1-1、表1-2。

表1-1 主要培养基成分表　　　　　　　　　　　　　　　　mg/L

培养基成分	MS (1962)	B_5 (1968)	White (1943)	H (1967)	Nitsch (1963)	Mliller (1967)	N_6 (1974)	SH (1972)
$(NH_4)_2SO_4$		134					463	
NH_4NO_3	1650			720	725	1000		
KNO_3	1900	2500	80	950	925	1000	2830	2500
$NaNO_3$								
$Ca(NO_3)_2 \cdot 4H_2O$			200		500	347		
$CaCl_2 \cdot 2H_2O$	440	150		166			166	200
$MgSO_4 \cdot 7H_2O$	370	250	720	185	125	35	185	400
KH_2PO_4	170			68	88	300	400	
$NaH_2PO_4 \cdot H_2O$		150	17					
Na_2SO_4			200					
$EDTA-Na_2$	37.3	37.3		37.3	37.3		37.3	15
$NaFe-EDTA$						32		
$FeCb \cdot 6H_2O$								
$FeSO_4 \cdot 7H_2O$	27.8	27.8		27.8	27.8		27.8	20
$Fe_2(SO_4)_3$			2.5					
KCl			65			65		
$C_6H_5FeO_7$					10			
$NH_4H_2PO_4$								300
$MnSO_4 \cdot H_2O$								10
$MnSO_4 \cdot 4H_2O$	22.3	10	5	25	25	4.4	4.4	
$ZnSO_4 \cdot 7H_2O$	8.6	2.0	3	10	10	1.5	3.8	1.0
H_3BO_3	6.2	3.0	1.5	10	10	1.6	1.6	5.0

（续）

培养基成分	MS（1962）	B_5（1968）	White（1943）	H（1967）	Nitsch（1963）	Mliller（1967）	N_6（1974）	SH（1972）
KI	0.83	0.75	0.75		0.75	0.8	0.8	1.0
$Na_2MoO_4 \cdot 2H_2O$	0.25	0.25		0.25	0.25			0.1
MoO_3			0.001					
$CuSO_4 \cdot 5H_2O$	0.025	0.025	0.01	0.25	0.025			0.2
$CoCl_2 \cdot 6H_2O$	0.025	0.025						0.1
$NiCl_2 \cdot 6H_2O$					0.35			
叶酸				0.5				
生物素				0.05				
硫胺素	0.1	10	0.1	0.5	0.25	0.1	1	5.0
烟酸	0.5	1.0	0.3	5.0	1.25	0.5	0.5	5.0
盐酸吡哆醇	0.5	1.0	0.1	0.5	0.25	0.1	0.5	5.0
肌醇	100	100		100				1000
甘氨酸	2.0		3	2	7.5		2	
蔗糖（g/L）	30	20	20	20	20	30	50	30
琼脂（g/L）	6.5	6.5	6.5	6.5	6.5	6.5	6.5	
pH	5.8	5.5	5.6	5.5	6.0	6.0	5.8	5.8

表 1-2　MS 培养基母液配制

母液种类	成分	规定量（mg）	扩大倍数	称取量（mg）	母液体积（mL）	配 1L 培养基吸取量（mL）
大量元素	KNO_3	1900	10	19 000	1000	100
	NH_4NO_3	650	10	16 500		
	$MgSO_4 \cdot 7H_2O$	370	10	3700		
	KH_2PO_4	170	10	1700		
	$CaCl_2 \cdot 2H_2O$	440	10	4400		
微量元素	$MnSO_4 \cdot 4H_2O$	22.3	100	2230	1000	10
	$ZnSO_4 \cdot 7H_2O$	8.6	100	860		
	H_3BO_3	6.2	100	620		
	KI	0.83	100	83		
	$Na_2MoO_4 \cdot 2H_2O$	0.25	100	25		
	$CuSO_4 \cdot 5H_2O$	0.025	100	2.5		
	$CoCl_2 \cdot 6H_2O$	0.025	100	2.5		
铁盐	$EDTA-Na_2$	37.3	100	3730	1000	10
	$FeSO_4 \cdot 7H_2O$	27.8	100	2780		

（续）

母液种类	成分	规定量（mg）	扩大倍数	称取量（mg）	母液体积（mL）	配1L培养基吸取量（mL）
有机化合物	甘氨酸	2.0	100	100	500	10
	硫胺素	0.1	100	5		
	盐酸吡哆醇	0.5	100	25		
	烟酸	0.5	100	25		
	肌醇	100	100	5000		

3. 培养基母液配制

生产中常用的培养基，可先将各种药品配成浓缩一定倍数的母液，放入冰箱内保存，使用时再按比例稀释。母液要根据药剂的化学性质分别配制。以MS培养基配制为例，一般需准备4种母液，并根据需要取用植物激素母液。

1）大量元素母液

可配成10~20倍母液，用时每配1000mL培养基取50~100mL母液，须注意倍数越高用量越低。

2）微量元素母液

因含量低，一般配成100倍或200倍，每配1000mL培养基取10mL或5mL。

3）铁盐母液

必须单独配制，若与其他元素混合易造成沉淀。一般采用螯合铁，即硫酸亚铁与乙二胺四乙酸（EDTA）钠盐的混合物。一般扩大200倍，每配1000mL培养基取5mL。使用螯合铁的目的是避免沉淀，缓慢不断地供应铁离子。

4）有机化合物母液

主要是维生素和氨基酸类物质，一般配成100倍或200倍，每配1000mL培养基取10mL或5mL。

5）植物激素母液

浓度一般配成0.5~1mg/mL，使用时根据需要取用。因为激素用量较少，一次可配成50mL或100mL。多数激素难溶于水，要先溶于可溶物质，然后加水定容，如取吲哚乙酸（IAA）、吲哚丁酸（IBA）、萘乙酸（NAA）先溶于少量95%的乙醇中，再加水定容；2,4-氯苯氧乙酸（2,4-D）可先溶于热水中，再加水定容；激动素（KT）和6-苄基腺嘌呤（6-BA）先溶于少量1mol/L HCl溶液中，再加水定容；玉米素（ZT）先溶于少量95%乙醇中，再加水定容。以配制浓度为0.5mg/mL的

NAA 母液 100ml 为例，配制方法如下：精确称量 NAA50mg，先用少量的 95%乙醇助溶，再加水定容到 100ml 即可。配制好的母液放入冰箱内（0~5℃）保存。母液瓶上应分别贴上标签，注明母液名称、配制倍数和日期等。

4. 培养基的灭菌保存

配制好的培养基要及时进行高压灭菌处理。培养基一般采用高压蒸汽灭菌法，即把包扎好的培养瓶放入高压灭菌锅中，盖好锅盖，进行高温高压灭菌。灭菌前一定要检查高压灭菌锅内水位线。在增压前要将灭菌锅内的冷空气放尽，以使蒸汽能到达各个消毒部位，保证灭菌彻底。培养基灭菌一定要控制好灭菌时间和压力，灭菌时间不宜过长，也不能超过规定的压力范围，否则糖类、有机物质特别是维生素类物质就会分解，使培养基变色，甚至难以凝固。灭菌后，切断电源或热源，使灭菌锅内的压力慢慢下降，灭菌锅内压力接近 0 时，方可打开放气阀，排出剩余蒸汽，再打开灭菌锅盖取出培养基。切不可因急于取出培养基而打开放气阀放气，使压力降低太快，引起减压沸腾，使容器中的液体溢出，造成浪费或污染。有些生长调节物质，如吲哚乙酸、玉米素及某些维生素等遇热不稳定，因此不能进行高压灭菌，而需用过滤方法灭菌。过滤灭菌采用减压过滤装置，它主要由过滤器和抽气系统两部分构成。用弹性夹钳将两部分结合起来，用真空泵或电动吸引器使液体从漏斗经滤膜流到抽滤瓶中，所用器皿事先均应灭菌。经过滤灭菌的溶液，可在培养基温度下降到大约40℃时加入已高压灭菌的培养基中。在培养基灭菌的同时，无菌水和一些用具也可同时进行灭菌。

培养基灭菌后取出使其凝固，大多要求保持平面，故应直立放置。有的试管为扩大培养面积，要求保持斜面，故斜放以使培养基冷却凝固成斜面。完成后将培养基放到培养室中预培养 3d，若没有污染，则证明是可靠的，可以使用。暂时不用的培养基最好置于 10℃下保存，含有生长调节物质的培养基在 4~5℃低温下保存更理想。含吲哚乙酸或赤霉素的培养基应在配制 1 周内使用，其他培养基最长也不能超过 1 个月。一般情况下，2 周内应用完，以免干燥变质。

🌐 任务实施

1. 配制培养基母液

以 MS 培养基配制为例，需要配成大量元素、微量元素、铁盐、有机化合物 4 种母液，同时根据需要配置植物激素母液。每种激素必须单独配成母液。

1) 大量元素母液

配制时先用量筒量取大约 800mL 蒸馏水，放入 1000mL 的烧杯中，按照配方表中用量依次分别称取：NH_4NO_3、KNO_3、KH_2PO_4、$MgSO_4 \cdot 7H_2O$、$CaCl_2 \cdot 2H_2O$，待第一种化合物溶解后再加入第二种化合物，当最后一种化合物完全溶解后，将溶液倒入 1000mL 的容量瓶中，用蒸馏水定容至 1000mL，然后倒入细口试剂瓶中，贴上标签，注明母液名称、配制日期、配制人姓名，置于 4℃ 冰箱中保存备用。

2) 微量元素母液

按照配方表中用量，用电子天平分别依次称取 $MnSO_4 \cdot 4H_2O$、$ZnSO_4 \cdot 7H_2O$、H_3BO_3、KI、$NaMoO_4 \cdot 2H_2O$、$CuSO_4 \cdot 5H_2O$、$CoCl_2 \cdot 6H_2O$，用蒸馏水逐个溶解，待全部溶解后，用容量瓶定容，装入 1000mL 细口试剂瓶中，贴上标签，注明母液名称、配制日期、配制人姓名，置于 4℃ 冰箱中保存备用。

3) 铁盐母液

把 $FeSO_4 \cdot 7H_2O$ 和 $EDTA-Na_2 \cdot 2H_2O$ 分别置于 400mL 蒸馏水中，加热并不断搅拌使之溶解，然后将 2 种溶液混合，把 pH 调至 5.5，加蒸馏水至最终容积 1000mL，置于棕色细口瓶中，用力振荡 1~2min，在室温下避光保存一段时间令其充分反应后，贴上标签，注明母液名称、配制日期、配制人姓名，置于 4℃ 冰箱中保存备用。

4) 有机化合物母液

按配方表中用量依次称取：肌醇、维生素 B_1、烟酸、甘氨酸、维生素 B_6，用蒸馏水依次溶解并定容后，装入 1000mL 细口试剂瓶中，贴上标签，注明母液名称、配制日期、配制人姓名，置于 4℃ 冰箱中保存备用。

5) 植物激素母液

以配制 NAA 母液为例，准确称量后用少量（1~3mL）95% 乙醇完全溶解，加蒸馏水定容至 100mL，转入细口试剂瓶中，贴上标签，注明母液名称、浓度、配制日期、配制人姓名，置于 4℃ 冰箱中保存备用。

2. 制作培养基

1) 准备工作

进行培养基制作前，将所需要的各种玻璃器皿、量筒、烧杯、吸管、玻璃棒、漏斗等放在指定的位置。称量琼脂、蔗糖，配好需要的生长调节物质。准备好重蒸馏水以及瓶盖、棉塞、封口材料、线绳等。由于琼脂较难溶解，要及早加热。

2）培养基制作

先取适量的蒸馏水放入容器，然后按表1-2给出的配1L培养基吸取量，用量筒量取大量元素母液100mL，用专用移液管分别吸取微量元素母液10mL、铁盐母液10mL、有机化合物母液10mL，均置入1000mL定容瓶中，即得到MS培养基，再按配方移取植物激素母液即可。母液混合完毕倒入已溶化的琼脂中，再放入蔗糖，待蔗糖溶解，定容至1000mL，随即用1mol/L NaOH溶液和1mol/L HCl溶液根据需要调节pH，然后分装到培养瓶中。培养基的pH因培养材料的来源不同而异，大多数植物都要求在pH5.6~5.8的条件下进行组织培养。培养基制作流程如图1-6所示。

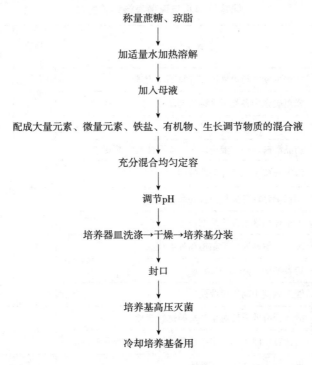

图1-6 培养基制作流程

3）培养基的分装

配制好的培养基要趁热分装，琼脂约在40℃时凝固，所以有充足的时间进行分装。分装的方法有虹吸式分注法、滴管法及用烧杯通过漏斗直接进行分注等。分装时要掌握好分注量。过多既浪费培养基，又缩小了培养材料的生长空间；过少又会因营养不良影响生长。一般占试管、三角烧瓶等培养容器的1/5~1/3为宜；若用塑料瓶、兰花瓶，培养基的厚度为1.5~2.0cm。分装时要注意勿将培养基沾到瓶壁上，以免引起污染，分装后立即塞上棉塞、加上盖子、封上封口膜或玻璃纸，有不同处理的还要及时做好标记。

3. 培养基灭菌与冷却

加温前打开放气阀，煮沸 15min 后再关闭或等大量热蒸汽排出后再关闭；也可以先关闭放气阀，待压力达到 0.05MPa 时，开启排气阀，将内部的冷空气排出，压力升至 0.11MPa（温度 121℃）时，保持 15~25min，即可达到消毒灭菌的目的。灭菌后的培养基放到培养室中预培养 3d，没有杂菌污染才可以放心使用。

考核评价

配置培养基与灭菌考核评价标准

评价内容	评价标准	分值	自我评价	教师评价
母液配制	能根据配方与母液浓度计算药品用量	30		
	能正确选用各类天平称量药品			
	天平操作规范，称量准确			
	药品溶解彻底，混合均匀，无混浊或沉淀现象			
	定容准确，标签注明清楚明了			
培养基配制	能正确计算各类母液及药品用量	30		
	天平操作规范，称量准确			
	琼脂溶解彻底，无粘锅和外溢现象			
	定容准确，pH 调节到位			
	能正确使用高压灭菌锅			
环境消毒	能选择有效方法对生产车间进行消毒	10		
	会计算空间大小，采用适量的消毒剂进行熏蒸消毒			
实训报告	操作过程描述规范、准确	10		
	取得的效果总结真实详细			
	体会及经验归纳完备，分析深刻			
技能提升	会独立计算母液用量及培养基配制	10		
	会独立查找相关资料			
素质提升	培养自主学习、分析问题和解决问题的能力	10		
	学会互相沟通、互相赞赏、互相帮助、团队协作			
	善于思考、富于创造性			
	具有强烈的责任感，勇于担当			

> 知识拓展

林木的组织培养及其调控

　　林木的快速繁殖技术是在植物组织培养快速繁殖技术的基础上发展出来的，因此必须在无菌状态下进行操作，甚至可以说，工厂的无菌操作水平，决定工厂的生产成败，只有无菌条件控制良好，再加上人为控制培养成分与环境条件，包括温度、湿度、光照强度及光周期，才可能全年全天候地进行工厂化大规模的生产，并根据市场需求来调整生产树木的种类，以满足市场的需要。

　　研究者把林木的细胞、组织或器官置于无菌条件下进行培养，期望它能按照研究者的意愿生长，分化产生具有特定目标的完整植株。这种特定目标有抗逆育种、抗病虫害育种、抗除草剂育种等，并最终得到能在生产上大量推广栽培的林木小苗。影响林木组培成功的主要因素有以下几个方面。

1. 培养基

　　培养基是影响林木组培成败的最主要因素。选择的培养基是否合适对培养的成败有很大的影响。培养基有很多种，植物组织培养研究的历史，也可以说是一部培养基研究的历史。植物只有当给予适合其生长、分化的培养基时，才能表现其细胞的全能性，才能显现其高分化率，实现快速繁殖，因此在实际应用中应根据不同的植物种类、不同的培养部位及不同的培养目的，而选用不同的培养基。

　　林木组织培养所用的培养基有几十种，从现有文献报道中我们可以统计出，MS 培养基可以适用很多种植物的培养，可作为首选培养基。MS 培养基是一种高浓度培养基，可以保证培养物对营养的需要，生长、分化较快，而且由于浓度高，在配制及消毒等一系列的操作过程中稍有出入也不至于影响培养基的平衡。在一般林木组织、器官和细胞培养过程中，MS 培养基就能基本满足细胞脱分化及再分化的需要。

　　由于林木工厂化育苗要求降低成本，在培养基的筛选过程中，并不主张加入会大幅度增加小苗成本的有机物，如生物素、胰岛素、水解乳蛋白等。因为这些有机物不但提高培养成本，还会增加污染率。在配制培养基的过程中影响出苗率的还有糖浓度。在工厂化育苗中不同糖浓度最主要的作用是改变生根率，如果把糖的用量从 30g/L 降到 15g/L，根的分化率可从 65%～70% 提高到 98% 以上。这是由于用糖量的减少，减低了培养基的渗透压，从而促进了根的生长。维生素是在配制培养基时必须加入的。在某一种植物所必需的维生素未确定之前，可以先按常规添加某些维生素。但因离体培养的细胞能够自行合成许多必需的维生素，为了降低成本，应尽快确定所必需的维生素，然后按需要加入培养基中。植物组织和细胞对激素的需要量，既取决于遗传因素，也取决于后天因素。不同的树种，取自同一树种取不同部位的外植体，以在不同的生长季节获取的外植体，都会对激素有不同的要求。

2. 培养的环境条件

影响林木组培苗工厂化生产成败的环境因素主要有湿度、温度、光强度、光照时间及光质量等。

林木组培苗在组培瓶中，在瓶壁有水珠的情况下，瓶内的湿度几乎是饱和的，这种情况存在于培养的全过程，直到打开瓶盖进行移栽，移栽后环境湿度发生变化，对组培苗的生长提出挑战。因此，湿度问题是移栽后一段时间影响组培苗成活的关键因素之一。在林木组培育苗工厂，多采用自然光照培养室，对工厂化育苗来说自然光照培养室最大的优点是能大量节约光照能源。组培工厂最大的能源消耗便是照明光源，占工厂总能耗50%以上，如果用自然光照即可节约50%左右的能耗从而降低成本。其次是获得完全自然光的优质光质及光照时间，因自然散射光的光质及光强度都比日光灯好，所以在自然散射光下培养的芽苗，有效苗数量多、芽苗生长健壮、玻璃苗少，这直接影响到下一培养程序即生根培养的成效。

3. 培养材料的情况

培养材料（外植体）的情况包括获取外植体的部位、大小、生理学年龄等，这些都直接影响到培养的成败及所得无性系的遗传稳定性。林木组培苗工厂化育苗产品多用于生产造林，因此希望得到遗传性状稳定、与无性系优良单株的遗传性状一致的小苗。基于此生产目的，在林木组培苗工厂化生产上，往往采用培养优良单株无性系的顶芽、侧芽、萌芽条芽等获得丛生芽的再生方式，从而获得大量的与母株遗传性状一致的组培苗。

此再生方式培养得成功与否，很大程度上取决于所取外植体在树木上的部位，即生理年龄，并受到生长季节的影响。根据植物生理学的观点，沿着植物的主生长轴，越向上的部位生长时间越短，即形成组织较晚，其生理年龄越老，越接近发育上的成熟，易形成花器官。取用外植体的大小也会对培养造成影响，过大的外植体易于污染，但外植体切段也不能过小，过小的外植体培养不易成活。此外，进行茎尖培养切取的茎尖所带的周围组织不是叶原基和腋芽原基时，培养后得到的小苗少，时间长；当外植体带有叶原基和腋芽原基时，将能在较短的时间内得到较多的丛生芽。

4. 培养植物的基因及采取外植体的季节性

在林木的组织培养快速繁殖或进入工厂化生产后，从采取外植体开始，之后的一系列工艺流程，如获得丛生芽、生根培养等工作中，植物基因型的影响是非常突出的，不但不同科属植物的培养要求的条件有着许多差别，甚至同一属不同种的植物，在同样的培养条件下、同一种培养基上，其表现亦有所不同。这种不同有时表现在芽分化的频率上，有时又表现在根分化的出根率上，甚至表现在诱导生根后小苗的生长势及移栽的成活率上。

在林木组培工厂化育苗工作中，不同的无性系用相同的培养基都可以得到有绿芽的分化及增殖，但有的无性系小苗生长正常，而有的无性系则长成丛状，节间缩短，形成不了可以进入诱导生根的壮苗。再如不同的无性系在相同的培养基及培养条件下，都可以诱导生根，但有的无性系根系发育良好，小苗在生根以后生长正常，出瓶率及移栽成活率都很高，而有的无性系则在生根后，根系发育不好、根尖发黑，培养时间长了会发现小苗叶脉发黄，出现枯顶落叶等情况，这种小苗移栽成活率是比较低的，这是林木组培工厂化育苗工作不允许出现的。因此生产者要看到植物之间的共性，更不能忽视基因型之间的差别，明确不同无性系之间对培养基及培养条件的特殊要求，通过调整培养基主要是植物激素的配比和种类、大量元素及微量元素的含量，以及培养条件如光照、温度、pH 等，来最大限度地满足每一个投入生产的无性系的需要，以获得最佳的培养效果。

巩固训练

1. 请设计一个组培实验室，列出都需要哪些仪器设备，说明组培实验室的各分室及其所需仪器设备的作用。
2. 用湿热法进行高压灭菌的大致步骤有哪些？
3. 以配制 MS 培养基 1L 为例，叙述组培养基的配制步骤（大量元素母液为 10 倍，微量元素母液、铁盐母液、有机物母液均为 100 倍）。
4. 以茎段（外植体）接种为例，简述无菌接种操作的大致过程。
5. 培养基高压灭菌后不凝固的原因可能有哪些？

项目2　植物组培快繁

知识目标

1. 理解植物工厂化育苗生产流程。
2. 掌握初代培养、继代培养和生根培养技术要点。
3. 掌握组培苗移栽管理技术要点。
4. 理解污染、褐化、玻璃化发生的机理与原因。

技能目标

1. 会独立开展初代培养、继代培养和生根培养操作。
2. 会开展组培苗移栽管理。
3. 会开展组培苗污染的预防管理。
4. 会开展组培苗褐化的预防管理。
5. 会开展组培苗玻璃化的预防管理。

素养目标

1. 培养学生善于思考、富于创新的能力。
2. 培养学生的实际动手能力和同学间密切合作精神。
3. 提高学生理论联系实际、分析问题和解决问题能力。

任务 2-1　掌握初代培养

工作任务

任务描述：初代培养是外植体材料经过清洗、灭菌后，在无菌环境下，经过一段时间诱导培养后，外植体萌发或者脱分化获得无菌材料的培养过程。本任务在学习初代培养的基本概念和方法的基础上，引导完成初代培养相关操作。正确选择外植体材料，并进行预处理；在无菌条件下，外植体经过严格灭菌后，接种到适宜的培养基上，获得无菌材料，进一步培养并逐步促进外植体材料的分化和生长。

材料和用具：无菌工作台、70%～75%乙醇、90%乙醇、饱和漂白粉、无菌水、培养基(已灭菌)、毛刷、洗衣粉、剪刀、镊子、培养皿、烧杯、高压灭菌锅、酒精灯或干热灭菌器、脱脂棉、无菌杯、无菌滤纸、烧杯、喷壶、记号笔等。

知识准备

初代培养是植物组织培养的启动阶段，是整个培养过程的基础和关键环节，初代培养的成败直接关系着组织培养后继工作的开展。因此，初代培养在组织培养整个过程中尤为关键，它与植物的种类、外植体的选择、培养基成分、消毒处理及培养技术有着直接的关系。这个阶段的目的是建立离体培养体系，即获得无菌材料和无性繁殖体系。植物离体培养体系的建立，不仅与培养基、培养条件有关，还会受到外植体材料的影响。外植体的选择、灭菌处理、无菌操作会直接关系植物组织培养的难易程度，甚至成败。

1. 外植体的选择

外植体是指从植物体上切取下来、用于植物组织培养的各种植物器官、组织和细胞等初始材料，如茎尖、茎段、块茎、球茎、叶片、叶柄、根、种子、胚、胚乳、胚轴、表皮、皮层、子叶、花瓣、花粉等均为外植体。

根据植物细胞全能性学说，每个拥有完整细胞核的植物细胞都具有发育为一个完整个体的潜在能力，都能再生形成一个新植株。但事实上，不同植物、同一植物不同器官、不同发育阶段的同一器官，其脱分化、再分化能力或对诱导条件的反应敏感程度都是有差异的，组织培养的难易程度也不尽相同。因此，选择外植体时需要考虑以下几个因素。

1) 母株选择

以遗传性状优良的植株作母本，易保持植株的遗传稳定性，使组培苗品质有保障，商品价值维持在较高水平。一般来说，生长健壮、无病虫害的外植体，代谢旺盛、再生能力强，比较容易诱导。

2) 生理状态和发育年龄

同一植物的不同器官、同一器官的不同部位都具有不同的生理年龄。沿主轴越向上的部分其生理年龄越老，越接近发育上的成熟，也越容易形成花器官；反之，越向下，生理年龄越小，越易形成芽。

幼嫩、生长年限短的器官或组织，较年老的具有更好的分生及形态建成能力，尤其是木本植物，以幼龄树的春梢、嫩芽、嫩枝作外植体材料，分生能力强，形态建成快。

3) 取材部位

确定取材部位时，需要考虑三方面的影响：一是材料来源是否充足；二是诱导成苗的成功率；三是再生途径的性状稳定性，是否会引起变异导致原有的优良性状丧失。

对于大多数植物，茎尖是最常用的外植体，其分生能力强，生长速度快，遗传稳定性好，而且茎尖培养是获得无毒苗的重要途径。茎尖中，一般顶芽生长势比侧芽旺盛，易成功。

分化的器官和组织包括茎段、叶片、叶柄、根、花瓣、花萼、块茎、鳞片、花粉等均可作为外植体材料。例如，叶片、叶柄来源丰富，取材容易，新生叶片杂菌少，易灭菌，是使用较多的外植体；植物的嫩茎脱分化和再分化能力较强，也是常用的组织培养材料。

胚带有极其幼嫩的分生组织细胞，容易脱分化和再分化，是植物组织培养中可以利用的重要材料。但是以胚为外植体材料通过组织培养获得的后代，其遗传特性不清晰，且试管苗纤弱，适应能力差。直接对松柏类木本植物进行组培时，分化增殖都很慢，而通过胚培养获得试管苗后再进行，能有效提高增殖速度。

4) 取材季节

一般来说，在植物开始生长或生长旺盛期，植物体内激素含量较高、生长速度快、容易分化，此时取材，外植体成活率高、增殖率也高。在植物生长末期或休眠期，外植体对诱导条件反应不敏感或无反应，组织培养的难度大。例如，叶子花的腋芽培养，在3~8月采集外植体，腋芽萌发的数目多，萌发速度快；而1~2月采集外植体，腋芽萌发迟缓。

5）材料大小

外植体取材的大小会因培养目的、植物种类或器官的不同而不同，但应当遵循两个根本原则：一是利于诱导培养，二是易于消毒灭菌。外植体材料太大，灭菌难度大，污染率高；外植体材料太小，成活率低，诱导困难。

一般情况下，如果进行离体繁殖，外植体宜大，叶片、花瓣面积为5mm×5mm，茎段带1~2个节、长度为0.5~1.0cm，茎尖带1~2个叶原基、大小以0.2~0.5cm为宜。如果进行胚胎培养或脱毒培养，外植体宜小，茎尖以带1~2个叶原基、大小0.2~0.3cm为宜。

2. 外植体的灭菌

外植体材料表面都会带有很多微生物，这些微生物一旦接触培养基，会大量繁殖，夺取营养并杀死植物材料，导致培养失败。因此，培养前必须进行外植体的表面灭菌，杀死其携带的各种微生物。

外植体必须采用化学灭菌剂进行严格灭菌。由于植物生长环境、取材部位、取材季节不同，外植体材料带菌程度存在差异，而且不同材料对不同类型、不同浓度灭菌剂的敏感度不一样。因此，灭菌剂种类、灭菌剂浓度及灭菌时间的长短应当视具体情况而定。

目前可用于外植体材料表面灭菌的化学药剂很多，总体来讲，灭菌剂的使用应当同时满足以下3个要求：有良好的杀菌效果，能将植物表面的微生物杀死；对外植体材料没有损伤或只有轻微损伤；容易被清洗掉或能自行分解，无药剂残留。组培中常用的表面灭菌剂见表2-1。

表2-1 常用灭菌剂的使用浓度、灭菌时间及灭菌效果

灭菌剂	使用浓度	灭菌时间(min)	去除难度	效果	对植物毒害
升汞	0.1%~0.2%	2~10	较难	最好	剧毒
乙醇	70%~75%	0.2~2	易	好	有
次氯酸钠	2%~10%	5~30	易	很好	无
漂白粉	饱和溶液	5~30	易	很好	低毒
过氧化氢	10%~20%	5~15	最易	好	无
新洁尔灭	0.5%	30	易	很好	很小
硝酸银	1%	5~30	较难	好	低毒
抗生素	0.4~50mg/L	30~60	中	较好	低毒

🌐 任务实施

实施初代培养基本工作流程如图 2-1 所示。

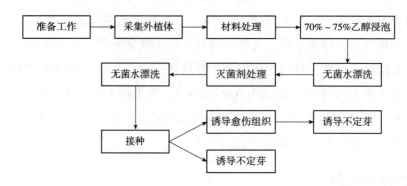

图 2-1 初代培养基本工作流程

1. 准备工作

先将接种用具、培养基、工作服、口罩等进行高温湿热灭菌；用 70%~75% 乙醇对无菌操作室进行喷雾灭菌，再打开紫外灯照射，同时开启无菌工作台风机及紫外灯；20min 后关闭紫外灯，工作人员更换灭菌的工作服、帽子、口罩、拖鞋等进入无菌操作室，用 70%~75% 乙醇擦拭台面、双手，将所有用具放入无菌工作台内，准备进行外植体灭菌。

2. 外植体取材与灭菌

不同的外植体，灭菌方法有所不同，但是灭菌的流程基本一致，具体过程如下。

1）取材

依据外植体选择的要求，充分考虑母本的种质、生理状态和发育年龄、取材部位、取材季节和天气、材料大小等因素，结合生产实际需要，在保证外植体正常生长发育的前提下，尽可能减少材料的污染，如进行室内栽植或在田间对母本枝条套袋，以避免灰尘和病虫害侵染，也可以待植株长出新枝条后再取材。

2）预处理

预处理时首先要去除外植体上不需要的部分。以茎尖或茎段为外植体时，剪去枝条上的叶片、刺等附属物；以根为外植体时，要将老根、烂根及损伤或污染较重的部分剪掉。

使用前外植体还必须进行清洗。用软毛刷或棉签轻轻地将外植体上附着的灰尘、杂物等污物在自来水下清洗干净，不要过分用力，以防碰伤外植体，如叶片、茎段；而芽的外面包被有鳞片、茸毛等，冲洗后需要用镊子或解剖刀将外层包被物除去，再用饱和的洗衣粉水进行充分清洗。

清洗完的外植体需要在流水下冲洗干净，冲洗时间需要根据外植体的生长环境、污染程度以及离体材料的特点而定，一般至少需要达到30min以上，而取自地下的材料、木本植物等灭菌较难的外植体应冲洗2h以上。对于较小的植物材料，可用纱布罩住容器口，以防外植体被水流冲走。

3) 材料切分

将冲洗好的外植体按照要求切分成适宜的大小，放入无菌杯中。注意切分好的外植体需要根据其幼嫩程度、大小、粗细或厚薄等分成不同级别，并设计不同的灭菌方案（选择适宜的灭菌剂、使用浓度和灭菌时间）。

4) 表面灭菌

在无菌工作台内，将70%～75%乙醇倒入装有外植体的无菌杯中，浸没外植体材料，不停摇动无菌杯，以促进灭菌剂与外植体材料表面充分接触，0.5min后，倒出乙醇；再倒入0.1%～0.2%升汞溶液灭菌2～10min或2%～10%次氯酸钠溶液浸泡5～10min，可滴入1～2滴吐温-80，以加强灭菌效果；最后用无菌水漂洗3～5次，每次3min。

操作中一定要遵守注意事项，确保灭菌过程严格、规范，尽可能减少人为因素引起的灭菌不彻底、不到位而导致灭菌失败，注意事项主要包括以下几点。

①灭菌时间应从倒入灭菌剂起计算至倒出灭菌剂为止。

②灭菌剂、灭菌时间应视外植体材料的具体情况来定，如材料幼嫩灭菌时间要短一些，材料老灭菌时间可适当长一些，不可生搬硬套。灭菌的最佳效果应以最大限度地杀死材料上的微生物，而又对材料的损伤最小为好。

③茎段、叶片、果实和种子等外植体，可按常规方法进行表面灭菌处理；幼嫩的茎尖，可先取下较大的茎尖进行常规方法表面灭菌处理，在无菌条件下于解剖镜下剥取茎尖进行培养；而对于花药、子房、未成熟的种子、胚及茎尖等来自植物内部、有多层包被物的外植体，也可不经过表面灭菌，在无菌条件下直接剥离后进行培养。

④无菌水漂洗次数应根据灭菌剂确定，因升汞为剧毒药品，且难以去除，使用后至少要清洗5次，其他灭菌剂清洗3次即可。

⑤灭菌过程中应避免无菌工作台内物品的相互接触，降低交叉污染的概率。

3. 外植体接种

外植体接种，是指在无菌条件下，将经表面灭菌的植物材料进行切割或分离出器官、组织、细胞等，转入无菌培养基中的过程。整个接种过程中用具、培养基、环境等都要求无菌，也称为无菌操作。

外植体接种的工序很多，包括一系列灭菌工作、材料切割、材料接种、封口等，各个环节均要求规范、准确、迅速，具体操作步骤如下。

1）准备工作

①用70%~75%乙醇或0.2%新洁尔灭溶液对无菌接种室空间、墙壁等喷雾灭菌，并起到降尘作用。

②打开无菌工作台风机，并进行紫外灯照射灭菌20min。

③操作人员用肥皂洗净双手，在缓冲间更换工作服、拖鞋，戴上口罩后进入无菌接种室。

④用70%~75%乙醇擦拭双手和无菌工作台台面，最好按一定顺序和方向擦拭。

⑤用70%~75%乙醇擦拭培养瓶、酒精灯，可用喷壶将70%~75%乙醇喷到装有无菌纸、培养皿的器皿或包裹外壁，以防瓶外壁或包装纸外带入杂菌。

⑥灭菌后所有用具、物品摆放进无菌工作台内。

2）无菌接种

将蘸有95%乙醇的剪刀、镊子、解剖刀在酒精灯火焰上充分灼烧或干热灭菌器中充分灭菌，放在支架上冷却备用。

接种前，应先切掉外植体切口处由于灭菌被杀死的部分，使外植体能更好地吸收营养物质。用剪刀或解剖刀在培养皿内或无菌纸上进行切割，工具要锋利，切割动作要快，避免使用生锈的刀片，以防止产生氧化现象。

接种时，先轻轻取下培养基的封口膜或瓶盖置于工作台的一角。左手握培养瓶，将瓶口在酒精灯火焰处旋转灼烧，然后将瓶口靠近酒精灯火焰，保持培养瓶倾斜与水平面成45°，右手用冷却的镊子小心夹取一个外植体材料，立即放入培养基中。如果接种材料为茎段、茎尖、胚及种子，应让材料的生物学上端向上；如果是叶片，应让叶背贴着培养基。一般，初代培养中一个培养瓶只放1个外植体材料，以降低外植体材料间的交叉污染。接种完成后，立即在酒精灯火焰上灼烧培养瓶瓶口数秒，并迅速包扎好封口膜或盖好瓶盖。

接种完毕，应做好标记，注明材料名称、接种日期等，并及时将接种后的培养瓶放到培养室中培养。

3) 无菌操作注意事项

无菌操作是一项烦琐、细致的工作任务，要求操作每个环节都必须严格按操作流程进行，保证操作过程规范、准确，否则会导致整个生产失败。

①无菌操作前，打开接种室和无菌工作台上的紫外灯，照射灭菌20min，操作人员进入接种室前应关闭紫外灯，以防伤害人体皮肤和眼睛；待风机将超净工作台内臭氧吹出后，约10min，方可开始工作。

②操作人员使用的工作服、帽子、口罩等物品，要保持干净，定期灭菌；常剪指甲，操作前先用肥皂把手洗干净，然后用70%~75%乙醇擦拭双手。

③接种用品准备齐全，合理摆放，无菌工作台内不能堆放太多东西，且用完的工具或物品及时拿到无菌工作台外，以免阻挡无菌工作台吹出的气流。

④接种时，打开瓶盖、解开线绳的动作要尽量轻缓，防止大幅度动作改变无菌风的方向，造成无菌工作台内空气污染。

⑤接种过程中，培养材料的修剪、开瓶、接种、封口等动作都要在酒精灯火焰无菌区进行；开瓶和盖瓶前瓶口都要在火焰上充分灼烧；培养瓶倾斜一定角度，也可有效减少杂菌落入。

⑥接种工具不能接触所有有菌物体，包括培养瓶外壁、台面、手等，如果接触，必须灭菌后才能使用；要勤换工具，一般连续接6~8瓶后即换一套无菌工具操作或进行乙醇灼烧灭菌；经常用70%~75%乙醇擦拭双手和台面，以避免交叉污染。

⑦操作人员的头不能伸入无菌工作台内，掌、臂一定不能从培养基、培养材料、接种工具上方经过，以防杂菌、灰尘落入；也不要超出无菌工作台，否则需要重新用70%~75%乙醇灭菌后再进行操作。

⑧操作人员的呼吸也会带来污染，操作过程中应尽量避免说话，并戴上口罩。

⑨操作过程中操作人员不能随意走动。

⑩接种结束后，及时灭掉酒精灯，关闭无菌工作台，清理台面。

4. 培养

将初代培养物置于培养温度为25(±2)℃，光照强度2000~3000lx，光照时间10~16h/d的培养室内进行培养。

考核评价

掌握初代培养考核评价标准

评价内容	评价标准	分值	自我评价	教师评价
外植体选择与灭菌	外植体取材正确	30		
	消毒药品选择正确，分类清楚			
	能正确配制消毒药品			
	外植体消毒流程规范			
	消毒时间恰当，外植体损伤小			
无菌接种操作	能做好无菌接种操作前的准备工作	30		
	无菌操作技术规范			
	正确切取外植体，大小适中			
	外植体取材正确，接种规范			
	接种记录完整，标记清晰			
培养观察	将外植体置于合适的培养条件下进行培养	10		
	及时观察并记录污染、生长情况			
实训报告	操作过程描述规范、准确	10		
	取得的效果总结真实详细			
	体会及经验归纳完备，分析深刻			
技能提升	会正确选择外植体，完成材料的灭菌与无菌接种操作	10		
	会独立查找相关资料			
素质提升	培养自主学习、分析问题和解决问题的能力	10		
	学会互相沟通、互相赞赏、互相帮助、团队协作			
	善于思考、富于创造性			
	具有强烈的责任感，勇于担当			

知识拓展

外植体表面灭菌剂灭菌原理及使用注意事项

1. 乙醇

乙醇是最常用的表面灭菌剂。乙醇的穿透力较强，能在短时间内使微生物蛋白质脱水变性，杀菌效果好。它还具有较强的湿润作用，能有效排除材料表面的空气，使灭菌剂与植物材料充分接触，实现较好的灭菌效果。

70%~75%乙醇灭菌效果最好，而95%或无水乙醇会使微生物表面蛋白质快速脱水凝固，形成一层干燥膜，反而阻止乙醇的继续渗入，杀菌效果大大降低。

乙醇不能彻底灭菌，一般不单独使用，多与其他灭菌剂配合使用。此外，乙醇对外植体材料的损伤也很大，浸泡时间过长，会将植物材料杀死，使用时应严格控制时间。

2. 升汞

升汞是一种重金属盐类，其中的Hg^{2+}可以与带负电荷的蛋白质结合，使蛋白质变性，从而杀死菌体。升汞的灭菌效果很好，但易在植物材料上残留，灭菌后需用无菌水反复多次冲洗。升汞属剧毒药品，对人畜的毒性极强，对环境危害大，使用后应做好回收工作。

3. 次氯酸钠

次氯酸钠是一种强氧化剂，它分解后可以释放出活性氯离子，从而杀死菌体。其灭菌效果很好，不易残留，对环境无害。但次氯酸钠溶液碱性很强，对植物材料会产生一定的损伤。

4. 漂白粉

漂白粉有效成分是次氯酸钙，灭菌效果很好，对环境无害。它易因吸潮散失有效氯而失效，应密封贮存以防潮解，并随配随用。

5. 过氧化氢

过氧化氢也称双氧水，灭菌效果好，易清除，且不易损伤外植体，常用于叶片的灭菌。

6. 新洁尔灭

新洁尔灭是一种广谱表面活性灭菌剂，对绝大多数植物外植体伤害很小，杀菌效果好。

任务 2-2 掌握继代增殖培养

🏠 工作任务

任务描述：继代增殖培养是继初代培养之后的连续数代的扩繁培养过程。其目的是扩繁中间繁殖体的数量，以迅速得到大量组培苗。该过程是植物组织培养快繁中决定繁殖系数高低的关键阶段。只有定期继代转接，才能迅速得到大量的试管苗，才能不断得到一定数量的试管苗向外移栽。本任务将通过试管苗继代增殖培养基配方的选择与环境调控、试管苗无菌接种操作两项关键技术的学习和应用，完成组培苗继代增殖培养。

材料和用具：无菌工作台、酒精灯、75%乙醇、95%乙醇、脱脂棉、工具包、记号笔、火柴等。

🌐 知识准备

通过初代培养所获得的无菌苗、不定芽、胚状体或原球茎等无菌材料称为中间繁殖体，由于中间繁殖体的数量有限，所以还需要将它们切割、分离后转移到新的培养基上进行增殖，这个过程称为继代培养。继代培养旨在繁殖出相当数量的无根苗，使其最后能达到边繁殖边生根的目的。继代培养使用的培养基对于同一种植物来说每次使用的都几乎完全相同。由于培养物被培养在接近最佳的环境条件下，排除了其他生物的竞争，在适宜的营养供应和激素调控下，能按几何级数增殖。不同种类的繁殖体在不同的条件下具有不同的繁殖率，但多数种类扩繁一次，其植株数量可增加 3~4 倍。

继代培养扩繁的方法包括切割茎段、分离芽丛等。切割茎段常用于可伸长生长的茎梢、茎节较明显的培养物。分离芽丛适用于由腋芽反复萌发生长或愈伤组织生出的芽丛，若芽丛的芽较小，可先切成芽丛小块，放入 MS 基本培养基中，待到稍大时，再分离开来继续培养。

1. 中间繁殖体的增殖方式

1）无菌短枝型

无菌短枝型又称节培法或微型扦插法。该方法是将顶芽、侧芽或带有芽的茎切段接种到伸长（或生长）培养基上，进行伸长培养，逐渐形成一个微型的多枝多芽的小灌木丛状的结构。继代时将丛生芽反复切段转接，重复芽—苗增殖的培养,从而迅速获得较多嫩茎(在特殊情况下也会生出不定芽,形成芽丛)。该方法一次成苗,遗传性状稳定,培养过程简单,适用范围大,移栽容易成活。但繁殖初期速度较慢。这种方法主要利用了顶端优势,可用于枝条生长迅速,或对植物组织培养苗质量要求较高的草本植物和一部分木本植物,如菊花、香石竹、葡萄、月季等。

2) 丛生芽增殖型

丛生芽增殖型是将茎尖、带有腋芽的茎段或初代培养的芽,在适宜的培养基上诱导,不断发生腋芽,从而形成丛生芽的方法。将丛生芽分割成单芽增殖培养成新的丛生芽,如此重复芽生芽的过程,即可实现快速、大量繁殖的目的。而后可将长势强的单个嫩枝转入生根培养基,诱导生根成苗,扩大繁殖。这种方法是从芽到芽,遗传性状稳定、繁殖速度快,但过程较复杂、品种之间的差异较大。

3) 器官发生型

器官发生型是从植物叶片、子房、花药、胚珠、叶柄等,诱导出愈伤组织,并从愈伤组织上诱导不定芽的方法。这种方法也称为愈伤组织再生途径。有些植物能直接从外植体表面产生不定芽,如矮牵牛、福禄考、百合等。

4) 胚状体发生型

胚状体发生型是从植物叶片、子房、花药、未成熟胚等诱导体细胞胚胎发生的方法,其发生和成苗过程类似合子胚或种子。这种胚状体具有数量多、结构完整、易成苗和繁殖速度快的特点,是植物离体无性繁殖最快的方法,也是人工种子和细胞工程的前提,在国内外受到普遍重视。但能诱导胚状体的植物种类及品种还不多,其发生机理尚不清楚,有的还存在一定变异,应先经试验后才能在生产上大量应用。

5) 原球茎型

大部分兰花的培养属于这一类型。原球茎是一种类似于胚的组织,培养兰花类的茎尖或腋芽可直接产生原球茎,继而分化成植株,也可以继代增殖产生新的原球茎,这取决于培养条件和培养基。

各种增殖方式的特点见表2-2。

表2-2 各种增殖方式的特点

增殖方式	外植体来源	特点
无菌短枝型	嫩芽茎段或芽	一次成苗、培养过程简单、适用范围广、移栽容易成活、再生后代遗传性状稳定,但初期繁殖较慢

（续）

增殖方式	外植体来源	特点
丛生芽增殖型	茎尖、茎段获初代培养的芽	与无菌短枝型相似，繁殖速度较快、成苗量大、再生后代遗传性状稳定
器官发生型	除芽外的离体组织	多数经历"外植体→愈伤组织→不定芽→生根→完整植株"的过程，繁殖系数高，多次继代后愈伤组织的再生能力下降或消失，再生后代容易变异
胚状体发生型	活的体细胞	胚状体数量多、结构完整、易成苗、繁殖速度快，但有的胚状体存在一定变异
原球茎型	兰科植物的茎尖	原球茎结构完整、易成苗、繁殖速度快、再生后代变异概率小

在具体的组培实践中，要根据植物材料生长的特点、分化的能力，选择最高效的途径来诱导材料分化及增殖。

2. 影响试管苗继代培养的因素及解决措施

当试管苗在瓶内长满并长到瓶塞或培养基利用完成时，就要转接进行继代培养。继代培养可迅速得到大量试管苗，以便进行移栽。如何保持试管苗的继代培养，是关系到能否得到大量试管苗和能否用于生产的重要问题。

1) 驯化现象

在植物组织培养的早期研究中，发现一些植物的组织经长期继代培养，发生了一些变化，如在开始的继代培养中需要生长调节物质的植物材料，在之后加入少量或不必加入生长调节物质就可以生长，此现象称为驯化。

但并不是出现驯化现象就是好的，有时长期的驯化现象却会适得其反，如造成只长芽不长根，芽的增长倍数很高但芽又细又弱，这时却要在加入生长素的培养基中培养，几次继代后可长出较多的根。

2) 形态发生能力的保持和丧失

在长时期的继代培养中，材料自身内部会发生一系列的生理变化，除了驯化现象外，还会出现形态发生能力的丧失。不同的植物其保持再生能力的时间是不同的，而且差异很大，在以腋芽或不定芽增殖继代的植物中，在培养许多代之后仍然保持着旺盛的增殖能力，一般较少出现再生能力丧失问题。一般认为分化能力衰退主要有3个因素。

①愈伤组织中含有从外植体启动分裂时就包括进来的器官中心（分生组织），当重复继代时其会逐渐减少或丧失。也有人认为在继代培养过程中，逐

渐消耗了原有的与器官形成有关的特殊物质。为什么有的植物出现形态发生能力丧失的现象，而在另一些植物中，形态发生能力又能很好保持，其原因还有待进一步研究。

②形态发生能力的减弱和丧失，可能与内源生长调节物质的减少或丧失有关。

③分化能力衰退也可能是细胞染色体出现畸变，数目增加或丢失所导致的。

3）植物材料的影响

不同种类植物、同种植物不同品种、同一植物不同器官和不同部位继代繁殖能力也不相同。一般其能力大小是：草本>木本；被子植物>裸子植物；年幼材料>老年材料；刚分离组织>已继代的组织；胚>营养体组织；芽>胚状体>愈伤组织。

4）培养基及培养条件

培养基及培养条件适当与否对能否继代培养具有较大影响，故常改变培养基和培养条件来保持继代培养，在这方面的研究已有许多报道，如在水仙鳞片基部再生子球的继代培养中，加活性炭的培养基中再生子球比不加活性炭的要高出一至数倍。胡霓云等发现对于在 MS 培养基初次培养的桃茎尖，若转入同样的 MS 培养基则生长不良，而转入降低铵态氮和钙含量，增加硝态氮、镁和磷含量的培养基中则能继代繁殖。

5）继代培养时间长短

关于继代培养次数对繁殖率的影响的报道不一。有的材料长期继代可保持原来的再生能力和增殖率，如葡萄、月季和倒挂金钟等；有的经过一定时间继代培养后才有分化再生能力。潘景丽等对沙枣愈伤组织进行 6 次继代培养后，才分化苗，保持 2 年，仍具有分化能力。而有的随着继代时间加长而分化再生繁殖能力降低，如杜鹃花茎尖外植体，通过连续继代培养，产生小枝数量开始增加，但在第 4 或第 5 代下降，虽可用光照处理或在培养基中提高生长素浓度的方法能减慢其再生增殖能力的下降，但无法阻止，因此必须进行材料的更换。

6）季节的影响

有些植物材料能否继代与季节有关，如水仙取 6、7 月的鳞茎，因其夏季休眠，生长变慢，而 8 月休眠后，生长速度又加快；百合鳞片分化能力则为春季>秋季>夏季>冬季。球根类植物组织培养繁殖和胚培养时，要注意若其进入休眠则继代培养不能增殖，但可通过加入激素和低温处理来克服。唐菖蒲在

MS 培养基上得到的球茎，移植于 MS 培养基中时，可以通过无机盐和糖浓度减半，并增加萘乙酸用量，防止继代中的休眠。

一般能达到每月继代增殖 3~10 倍，即可用于大量繁殖，盲目追求过高的增殖倍数反而会造成损失，一是所产生的苗小而弱，给生根、移栽带来很大困难；二是可能会引起遗传性不稳定，造成灾难性后果。

3. 试管苗继代培养的方法

由于试管苗增殖方式不同，继代培养可以选用固体培养和液体培养两种方法。

1) 固体培养

多数继代培养都采用固体培养，其试管苗可通过分株、分割、剪截、剪成（剪成 1 芽茎段）等转接到新鲜培养基上，其容器可以与原来相同，大多数情况下可选用容量更大的三角瓶、罐头瓶、兰花瓶等以尽快扩大繁殖。

2) 液体培养

以原球茎和胚状体方式增殖的，可以采用液体培养基进行继代培养。例如，兰花增殖后得到原球茎，分切后进行振荡培养（可用旋转、振荡培养，需保持 22℃ 恒温以及连续光照）即可得到大量原球茎球状体，再切成小块转入固体培养基，即可得到大量兰花苗。植物细胞的悬浮培养是从愈伤组织的液体培养基础上发展起来的一种新的培养技术，悬浮细胞培养是将游离的植物细胞悬浮在液体培养基中进行培养，在培养过程中，一个细胞分裂成多个细胞，但不能像细菌那样都各自分散在培养液中。用不同的材料进行培养时，有些只能得到少量的游离细胞和大量的多细胞聚集体；有些则能得到高度分散且大部分都是游离细胞的培养物。

对于悬浮细胞培养应定期做继代培养，一般来说最适宜的培养周期为 1~2 周，但实际所需的时间和接种量应视不同细胞系而定。继代时间为 1 周的细胞系可用 1∶4 的接种量，继代时间为 2 周的可用 1∶10 的接种量。接种时可用口径稍大的移液管进行，待培养瓶中大的细胞团下沉后立即吸取上部分单细胞和小细胞团接种。继代培养过程中造成的污染危险主要来自瓶口的边缘，因此在接种时，手指和移液管不得接触瓶口，接种前后都应用火焰消毒瓶口，为了避免因污染造成细胞系的损失，应保持两套独立的亚细胞系。当前实际培养中，对于许多分裂迅速、分散性良好的细胞系可利用液氮保持在 -196℃ 下。在继代培养时，要定期检查是否有微生物污染，日常检查时可凭细胞的色泽、培养液面的清澈度等判断，也可在显微镜下观察有无微生物的污染，还可在营养丰富的培养基平板上接种细胞培养物，以检查污染物的生长。

液体培养相较固体培养有3个基本优点：一是增加培养细胞与细胞液的接触面，改善营养供应；二是可带走培养物产生的有害代谢产物，避免有害代谢产物局部浓度过高；三是保证氧气的充分供给。

任务实施

继代增殖培养操作方法流程如图2-2所示。

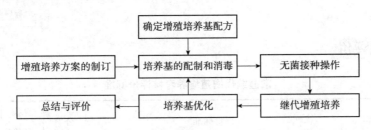

图2-2 继代增殖培养操作方法流程

1. 制订实施方案

以小组为单位制订试管苗继代培养实施方案，方案设计要科学合理、内容具体、可操作性强。

2. 确定培养基配方

对不同植物组培快繁中间繁殖体发生类型进行研究，并根据不同的中间繁殖体发生类型，确定培养基的配方。

3. 培养基配制和消毒

首先根据中间繁殖体的数量和生长状况确定培养基的制作数量和类型，并合理进行小组分工。然后对药品用量进行计算，并依次完成药品称量、药品溶解、定容、调整pH、分装、封口、灭菌等步骤。

4. 无菌接种操作

首先根据不同植物组培快繁中间繁殖体发生类型确定继代转接技术，从而进行继代接种，要求操作规范、准确、协调、迅速，操作过程无污染。然后将植物组织培养苗置于培养室中管理，并对操作现场进行规范整理，包括清洁操作台面、关掉用电设备、物品归位。

5. 继代增殖培养

在该过程中要对继代培养进行观察、记载、统计和分析。接种1周后，观察污染情况；3周后观察试管苗增殖情况，计算增殖率。

6. 培养基优化

根据继代增殖培养结果，分析芽苗生长状况，进一步优化增殖培养基配方。

考核评价

掌握继代增殖培养考核评价标准

评价内容	评价标准	分值	自我评价	教师评价
培养基配制与灭菌	能正确计算各类母液及药品用量	30		
	天平操作规范、称量准确			
	琼脂溶解彻底，无粘锅和外溢现象			
	定容准确，pH调节到位			
	能正确使用高压灭菌锅			
继代培养无菌接种操作	能做好无菌接种操作前的准备工作	30		
	无菌操作技术规范			
	对增殖苗进行合理的切割和转接			
	接种规范、熟练，无导致交叉污染行为			
	接种记录完整，标记清晰			
培养观察	将培养物置于合适的培养条件下进行培养	10		
	及时观察并记录污染、增殖生长情况			
	分析增殖过程中出现的问题，并提出解决措施			
实训报告	操作过程描述规范、准确	10		
	取得的效果总结真实详细			
	体会及经验归纳完备，分析深刻			
技能提升	会正确切割与转接瓶苗，无菌接种操作规范	10		
	会独立查找相关资料			
素质提升	培养自主学习、分析问题和解决问题的能力	10		
	学会互相沟通、互相赞赏、互相帮助、团队协作			
	善于思考、富于创造性			
	具有强烈的责任感，勇于担当			

> 知识拓展

继代培养物的不同表现可能的原因及解决措施

1. 苗分化弱

（1）症状

苗分化数量少、速度慢、分枝少，个别苗生长细高，不适宜生根操作和移栽。

（2）原因

细胞分裂素用量不足；温度偏高；光照时间短，光照强度不足。

（3）措施

增加细胞分裂素用量，适当降低温度，改善光照条件，改单芽继代为团块（丛芽）继代。

2. 苗木分化过旺

（1）症状

苗分化较多，生长慢，部分苗畸形，节间极度缩短，苗丛密集过微型化。

（2）原因

用量过多，温度不适宜。

（3）措施

减少细胞分裂素或停用一段时间，调节适当温度。

3. 苗畸形

（1）症状

苗分化较少，叶增厚变脆，畸形，培养较长时间后苗再次愈伤组织化。

（2）原因

植物生长调节剂，特别是生长素用量偏高，温度偏高。

（3）措施

减少生长素用量，避免叶片直接接触培养基，适当降低温度。

4. 不足芽生长方式异常

（1）症状

再生苗的叶缘、叶面等处偶有不定芽分化出来。

(2)原因

植物生长调节剂,特别是细胞分裂素用量过多,或该种植物不适合这种再生方式。

(3)措施

适当减少细胞分裂素用量,或分阶段利用这一再生方式。

5. 芽苗长势不良

(1)症状

幼苗生长无力,陆续发黄叶,部分苗逐渐衰弱,甚至死亡。

(2)原因

植物激素配比不适,无机盐浓度不适;pH 变化过大;久不转接,糖已耗尽,光合作用不足以维持自身需要;瓶内气体恶化;温度不适。

(3)措施

及时转接继代,适当调节激素配比和无机盐浓度,调控光温条件。

任务2-3　掌握生根苗培养

🏠 工作任务

任务描述：组培苗的生根培养是指已经增殖到一定数量时（达到预产量），将增殖获得的无菌芽苗转接到生根培养基中进行生根诱导培养，从而最终完成培养植物的再生目标。

为了完成生根培养，首先要明确工作任务和任务要求，合理分工，然后按照规范要求完成操作过程。针对这一目标，本任务需要完成两个工作，即试管苗生根培养基配方的选择与环境调控、影响试管苗生根培养的因素分析。

为了保证生根诱导率、移栽成活率、移栽后苗的生长速率、商品苗的品质等方面的目标要求，在生根诱导时要求增殖苗的部分特征要达到一定的标准，如株高、叶片数、健壮度等。未达到标准的无根苗需要经复壮培养基培养复壮，待达到标准后再转接到生根诱导培养基。

材料和用具：无菌工作台、酒精灯、75%乙醇、95%乙醇、脱脂棉、生根培养基（已灭菌）、接种用具、接种器械灭菌器、记号笔、打火机等。

🌐 知识准备

1. 生根培养的目的与意义

植物组织培养快速繁殖是对外植体的诱导培养以及试管苗的继代培养，往往会诱导产生大量的丛生腋芽、不定芽、愈伤组织或原球茎。离体繁殖产生的芽、愈伤组织、嫩梢和原球茎，一般经过分化、复壮后都需要进一步诱导生根，才能得到完整的再生植物。从某种意义上讲，增殖只是增加贮备数量，而有效生根才能增殖扩繁材料，达成增加数量的目的，以最终完成植物组织培养工厂化生产目标。

在快速繁殖中，中间繁殖体的快速增殖是很重要的环节，但这一环节不能无限制地运行下去。一定次数的继代增殖有利于培养材料的生理年龄返幼，有助于无根苗发根；但是过多的继代培养会极大降低芽体的质量，反而造成生根困难，最后生产出大量无效苗造成人力、物力、财力等巨大损失。

试管苗的生根培养是使无根苗生根形成完整植株的再生过程。目的是使中间繁殖体生出浓密而粗壮的不定根，以提高试管苗对外界环境的适应力，使试管苗能成功地移栽到试管外，具有更高的移栽成活率和生长速率。试管苗一般需转入生根培养基中或直接栽入基质中促进其生根，并进一步长大成苗。

2. 影响生根苗生根的因素

试管苗诱导生根的结果由内因和外因两方面决定。基因是植物组培快繁的最大限制，即并非一个组织的所有细胞都具有感受态能力，因此内因在于材料本身性状，甚至是取材母株的生理性状，其对生根诱导的成败起决定性作用；外因主要是技术方面的因素，是试管苗诱导生根成功与否的主要因素。

1) 内因

不同植物及同一植物不同品种、不同材料和不同生理年龄对根的产生都有重要影响。大多数草本植物来说生根诱导相对容易；而木本植物较草本植物难，成年树较幼年树难，乔木较灌木难。但是具体到不同的植物种类也存在着差异，一般营养繁殖容易生根的植物材料在离体繁殖中也容易生根。有些植物性别也会影响生根，如圆柏雌株易生根。此外，生根难易还因取材季节和所处环境条件不同而异。

幼态材料比老态或成熟材料易生根，尤其是对于木本植物影响更为明显。当植株自幼年期达到成熟期后，茎顶端分生组织在诱导条件下从营养生长转变为生殖生长。在条件刺激下幼株分生组织失去识别信号、做出反应和保持营养生长的能力，并开始向发育转变。无性系后代生长是母株取材部位原材料生长的继续，所以无论何种方式的无性繁殖，都在很大程度上受到繁殖材料成熟度的影响。生理年龄成熟的外植体营养繁殖时必会遇到成熟作用和位置效应干扰，致使器官发生（如生根）困难或后代斜向生长。所以在外植体取材时必须注意取材外植体的生理年龄，尤其是木本植物，生理年龄是否合适对无性繁殖成败至关重要。

2) 外因

(1) 基本培养基影响无根苗生根

试管苗生根是从异养状态进入自养状态的一个变化，利用根系吸收营养和水分是植物的一种本能。培养基中浓度较高的营养元素及糖可使试管苗产生依赖性而不易生根，减少营养成分及糖的浓度即可刺激生根。另外，培养基中的一些无机盐成分不利于根的产生，要适当降低无机盐浓度才有利于根的分化，因此在以 MS 为基本培养基的生根培养中大量元素用量要降至

1/4~1/2。

到目前为止，虽然培养基无机盐浓度降低有助于无根苗生根的机理还不是很明确，但是部分效用已得到证实，如无机盐浓度会影响培养基渗透压，影响培养物吸收营养和释放一些代谢物质，更重要的一点是降低浓度尤其是氮浓度有利于培养植物体的发根。生根阶段证明利用高水势或液体培养基能有效增加营养与苗间的疏通运输，有利于营养吸收和植物激素类物质的运转从而促进发根。

培养基各元素比例及其形态对组培苗生根也有影响。例如，相比硝态氮，过高的铵态氮会抑制根系发生，但是氨基酸氮则对植物组培苗根系发生有促进作用；合适比例的钾元素、钙元素有助于根系发生，但是过高浓度的镁离子对根系有一定的抑制作用。

植物器官发生是一个高能量参与的过程，关于糖的存在与否以及浓度大小对生根的影响，有学者将其解释为由于碳源缺乏引起异养无根苗的饥饿和（或）渗透压处于亚最适水平。糖浓度不宜太高，大多数植物添加 20~30g/L（配合 IBA）即可有效刺激培养物发根。但是有些植物在高浓度糖中生根更好。

（2）植物生长调节剂影响培养物生根

对于大多数植物来说，生长素有促进根的分化的作用。一般可以将 IBA、IAA、NAA 等药品单独或者混合使用。使用不同种类的生长素，会直接影响生根的数量和质量。一般 IBA 作用强烈，作用时间长，诱导的根多而长，IAA 诱导出的根比较细长，NAA 诱导出的根比较短粗，一般认为用 IBA、NAA（0.1~1.0mg/L）有利于生根，两者可混合使用，但大多数仅单用一种人工合成生长素即可获得较好的生根效果。

在生根方面，细胞分裂素对生长素有拮抗作用，从而对根的生长产生抑制作用，所以生根培养基中一般不加细胞分裂素。这是因为在长期多次的继代培养中，高浓度的细胞分裂素会使芽分化速度加快，芽小而密，生长极其缓慢。这种矮小的芽在转入生根培养基前，首先要转到细胞分裂素偏低或没有细胞分裂素的培养基上培养 1~3 代，待芽苗长至粗壮，再转到生根培养基中诱导生根，以提高苗的质量。

也有证据显示在根培养过程中同时应用细胞分裂素和生长素会更有利于根形成。大多数植物生根中都是单独使用生长素，但也有些植物用高浓度生长素结合低浓度细胞分裂素促进生根效果会更好。葡萄少数品种组培苗生根用低浓度（0.02mg/L）6-BA 促生根效果更好，但是如果 6-BA 浓度超过 0.1mg/L 则表现抑制生根,如果浓度超过 0.5mg/L 则完全不生根。这使研究者认识到根的发生需要建立一个内源生长素和细胞分裂素的最佳平衡。尽管细胞分裂素被认为对生根具有抑制作用,但是后期这种抑制作用会消失,而根原基的发育也在一定程度上依赖于细胞分裂素的存在。

植物生长延缓剂对不定根的形成有时也有良好的作用,在香椿组培苗生根诱导培养基添加 0.1mg/L 的多效唑或矮壮素,能有效促进生根。

(3) 温度对生根的影响

一般诱导生根所需要的温度比增殖培养的温度要适当低一些,继代培养时适宜温度为 25~28℃,生根培养时适宜温度为 20~25℃。温度低于 15℃,影响根分化生长,温度高于 30℃,根的质量变差、数量减少,且出现徒长现象,移栽成活率会大大降低。

(4) 光照对生根的影响

对大多数植物来说,光照不会抑制根原基的形成和生长,在正常光照下培养即可。一般生根接种后 1~2 周内采用暗培养有利于生根。有关学者研究发现在诱导阶段(苗芽伸长生长阶段)和根发端阶段都采用暗培养可获得较好的生根数量,如杜鹃花等经遮光黄化处理后生根率提高。光质对生根也有影响,如小苍兰培养中红光利于根分化,白光则抑制根形成;而李胜在光质处理的 10d 试验结论中认为:长波光利于难生根试管苗的生根。光照对生根影响的结论不一,这可能与生根阶段不同植物的光敏感性不同,以及蓝光会破坏大部分 IAA 有关。

(5) pH 对生根的影响

试管苗的生根要求 pH 在一定的范围内,不同植物对 pH 要求不同,一般为 5.0~6.0,如杜鹃花试管嫩茎的生根与生长在 pH 为 5.0 时效果最好;苹果组培苗诱导生根中 IBA 的吸收与 pH 负相关;向日葵组培中发现低 pH 更能刺激向日葵生根;葡萄组培中 pH 由 5.0 上升到 7.0 根系逐渐变粗短,根冠比增大;萝卜组培中培养基 pH 由 3.8 上升到 5.8 时生根率下降,但在水稻组培中生根率随 pH 升高而上升。

(6) 影响生根的其他因素

一定次数的继代培养有助于培养体生理年龄幼化,继代增殖是一个复幼过程。苹果中继代次数少时嫩茎叶片大、茎粗壮、节间短,随着继代次数增加叶变小,叶色浅绿。一些木本植物试管嫩茎(芽苗)一般随着继代培养次数的增加,其生根能力有所提高,如杜鹃花茎尖培养中,随着培养次数的增加,小插条生根数量明显增加。

对于一些难生根植物有必要对 MS 基本培养基进行有机物改良,增加营养丰富度,在用于改良的有机成分中常含有谷氨酰胺、维生素 C 等。例如,在苹果生根培养中加入间苯三酚(PG,又称为根皮酚)1~7mg,有抑制 IAA 氧化酶、刺激生根的效果。间苯三酚与生长素的这种协同作用受光照影响但是不受温度影响。对于部分生根比较困难的植物,需要在培养基中放置滤纸桥,使其略高于液面,靠滤纸的吸水性供应水和营养等,以解决生根时氧气不足的问题,从而诱发生根。

多胺(PA)成分也与生根诱导有关。例如,丁二胺、亚精胺、精胺等有利于苹果、橄榄的生根,却能抑制胡桃树生根,但是对其他类植物生根影响较小。

活性炭一般和生长素一起使用促进生根。在李属植物伸长阶段(壮苗阶段)加入活性炭能有效促进生根,但在楹梓组培苗诱导生根培养基中添加活性炭则会引起黄化并降低生根频率。

转接难生根植物时应注意,长叶的部位接触培养基易生根,因此微插前最好将基部叶片切除,这有助于不定根从基部叶腋发生。

3. 生根培养的方法

植物组织培养诱导生根阶段,大多数草本植物通过降低基本培养基中大量元素无机盐浓度,尤其是氮元素浓度就可以有效刺激根系发生。生根稍有难度的草本植物在调节基本培养基浓度的基础上少量添加生长素类物质,如 NAA 或 IBA 各 0.05~2mg/L,即可有效刺激发根。

但是相对于草本植物,很多木本植物刺激发根难度较大。除了其本身内因外,也因为其适合生根的条件对基本培养基成分、植物生长调节剂、培养条件的要求更高,可调节幅度更窄。对于不同种、不同品种的植物组培苗诱导试管苗生根的方法主要有以下几类。

1)试管内生根

(1)易生根植物

对于易生根植物可将复壮后符合标准的无根苗接种到生根诱导培养基内以刺激不定根形成。一般情况下最多只需延长在生根培养基中的培养时间,试管苗即可生根。

(2)难生根植物

对于难生根的植物可采用两步生根法,先将无根苗接种于高浓度生长素的培养基中,如草本植物添加 IAA 5mg/L 或 NAA 1~5mg/L;木本植物添加 IBA、

NAA 各 1~5mg/L 暗培养，刺激根原基发生。待锥形根尖表现后立即转入不添加生长素的培养基中促进根原基发育，避免愈伤组织发生。

2）试管外生根

有些植物试管外生根反而效果更好，如蓝莓组培苗生根，可以将无根苗在试管外移栽后生根。试管外生根先经过生长素处理再移栽到基质中，生根效果更好，如吊兰、花叶芋等植物的生根培养；也可直接进行瓶外生根，即切割粗壮的嫩枝，用生长素溶液浸蘸处理后在营养钵中直接生根，如香石竹等。

上述方法均能诱导新梢生根，可根据不同植物对生长素的敏感度的差异选择不同的措施。生长素刺激发根与其在刺激植物其他方面生长一样：低浓度生长素促进生长发育，但是高浓度生长素则抑制生长发育。生长素有助于刺激根原基的发生，但是浓度过高时会刺激乙烯合成酶的活性，提高内源乙烯的发挥效力，抑制根原基的发育。

不同的生长素类植物生长调节剂刺激生根效力不同，而且会因植物种类不同而异，实践中要选择适宜的生长素及其浓度。

4. 影响组培苗生根的其他因素及措施

在继代培养过程中，细胞分裂素浓度的增加有助于增殖系数的提高。但伴随着增殖系数的提高，增殖的芽往往出现生长势减弱，不定芽短小、细弱，生根困难等问题，有时即使能够生根，移栽后成活率也不高。因此对于一些继代增殖生产中的弱苗必须经过壮苗培养；部分木本植物取材前也需要对亲本进行壮苗处理。常用的壮苗措施有如下几类。

1）植物生长调节剂

在继代培养中，为了提高芽的增殖率，需要添加重要的植物生长调节剂细胞分裂素。但在一定浓度范围内，如果培养基中添加的细胞分裂素浓度过高，会导致芽的分化速度过快，芽过小，生长受到抑制，芽不能伸长，达不到诱导生根的条件。所以在诱导生根之前，要适当降低细胞分裂素的浓度，相对提高生长素的浓度，或者添加少量的赤霉素，进一步促进芽的伸长和生长。

2）培养条件和培养方式

壮苗培养时，一般将生长较好的中间繁殖体分离成单苗，将较小的材料分成小丛苗培养；控制中间繁殖体的繁殖系数在 3~5 倍；适当增加光照、控制温度，一般培养温度为 25℃ 左右，但为了培养壮苗，培养温度也可适当降低到20~25℃，光照要适当增加到3000lx左右。

在试管内进行生根壮苗的目的是帮助试管苗成功地移植到试管外的环境中，使试管苗适应外界的环境因子。不同植物的适宜驯化温度不同，如菊花，以18~20℃为宜，温度过高会导致蒸腾过强，以及菌类易滋生等问题；温度过低使幼苗生长迟缓，或不易成活。春季低温时苗床可加设电热线使基质温度略高于气温2~3℃，这利于生根并能促进根系发达，有利于提前成活。

移植到试管外的植物苗光照强度应比移植前培养时有所提高，并可适应强度较高的漫射光，以维持光合作用所需光照强度。但光线过强会刺激蒸腾作用加强，使其与水分平衡的矛盾更尖锐。

3) 返幼处理

(1) 嫩条方法

对于多年生植株可以先进行平茬处理，待长出生理年龄幼态的嫩茎器官后再取材作为离体组培材料。

(2) 重复扦插生根

可用成熟枝枝尖作为插条生根，有时可恢复部分幼态，特别是重复生根几次后，即插条先靠自身的根进行短期生长后再取顶部再生根。

(3) 嫁接

将成熟枝枝尖嫁接到幼态砧木上，并重复几次。这种复壮方法会受幼态砧木上的叶的刺激而抑制接穗上叶的生长。成功复壮还需要接穗的成熟性不太强。

(4) 黄化处理

黄化处理可用来改善取自成熟材料的外植体在体外培养的性能。黄化可令成熟茎枝形成生理性复壮，但对种苗材料则不会具有此种效果。黄化处理用于重复修剪的新生幼枝时最有效。

5. 生根培养基配制原则

根据影响试管苗生根的几个因素，可配制出适合组培苗生根的培养基，以提高无根苗的生根率，生根培养基配制时遵循以下几点原则：①降低培养基中无机盐的浓度，一般采用1/2MS或1/4MS培养基的浓度。②去掉、减少原培养基中细胞分裂素成分。③降低蔗糖浓度（如减半），以加强自养。④添加一定浓度的植物生长激素。⑤适当增加琼脂浓度。⑥对有些植物可适当加些吸附剂（如活性炭），有促进生根的作用。

🌐 **任务实施**

生根培养操作方法流程如图2-3所示。

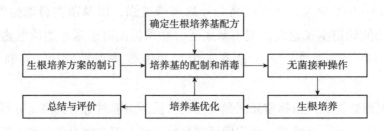

图 2-3　生根培养操作方法流程

1. 制订生根培养方案

以小组为单位制订试管苗生根培养实施方案，方案设计要科学合理、内容具体、可操作性强。

2. 确定培养基配方

根据生根培养方案，结合植物生长特点，选择合适的生根培养基配方。

3. 培养基的配置和消毒

根据无根苗的数量和生长状况确定生根培养基的制作数量，并合理进行小组分工。然后对药品用量进行计算，并依次完成药品称量、药品溶解、定容、调整pH、分装、封口、灭菌等步骤。

4. 无菌接种操作

首先将符合植株生根要求的无根苗单株切下接种到生根培养基中，要求操作规范、准确、协调、迅速，操作过程无污染。然后将无菌生根苗置于培养室中管理，并对操作现场进行规范整理，包括清洁操作台面、关掉用电设备、物品归位。

5. 生根培养

在该过程中要对生根苗进行培养、观察、记录和统计。接种1周后，观察污染情况；3周后观察试管苗生根情况，计算生根率。

6. 培养基优化

根据生根培养结果，分析芽苗生根状况，进一步优化生根培养基配方。

考核评价

掌握生根苗培养考核评价标准

评价内容	评价标准	分值	自我评价	教师评价
生根培养基配制与灭菌	能正确计算各类母液及药品用量	30		
	天平操作规范，称量准确			
	琼脂溶解彻底，无粘锅和外溢现象			
	定容准确，pH 调节到位			
	能正确使用高压灭菌锅			
生根培养无菌接种操作	能做好无菌接种操作前的准备工作	30		
	无菌操作技术规范			
	对芽苗进行合理的切割和转接			
	接种规范、熟练，无导致交叉污染的行为			
	接种记录完整，标记清晰			
培养观察	将培养物置于合适的培养条件下进行培养	10		
	及时观察并记录污染、生根情况			
	分析生根过程中出现的问题，并提出解决措施			
实训报告	操作过程描述规范、准确	10		
	取得的效果总结真实详细			
	体会及经验归纳完备，分析深刻			
技能提升	会正确切割与转接生根苗，无菌接种操作规范	10		
	会独立查找资料			
素质提升	培养自主学习、分析问题和解决问题的能力	10		
	学会互相沟通、互相赞赏、互相帮助、团队协作			
	善于思考、富于创造性			
	具有强烈的责任感，勇于担当			

知识拓展

试管瓶外生根技术

为了提高试管苗的生根和移栽成活率，针对部分植物种类在试管中难以生根或根系发育不良、吸收功能极弱、移栽后不易成活的特点，同时为了缩短育苗周期、降低生产成本、国内外许多学者就现有的生根和驯化程序进行了改良，从而产生了试管苗瓶外生根技术。

1. 试管瓶外生根的特点

所谓试管外生根，就是将植物组织培养中茎芽的生根诱导阶段同培养阶段结合在一起，直接将茎芽扦插到试管外的有菌环境中，边诱导生根边驯化培养。试管外生根将试管苗的生根阶段和驯化阶段结合起来，省去了用来提供营养物质并起支持作用的培养基，以及芽苗试管内生根的传统程序。总体上简化了植物组织培养程序，降低了成本，提高了繁殖系数。

2. 试管瓶外生根类型

组培苗瓶外生根技术是近几年研究成功的一项组培生根的先进技术。按照使用基质的不同，组培苗瓶外生根可分为基质培、水培、雾培3种，其中基质培是目前最理想的培育方式。通过提供过渡炼苗、生长素处理、适宜的介质与环境条件以及防止杂菌滋生等措施，可显著提高试管苗瓶外生根效率。

3. 组培苗瓶外生根原理及优势

大量的研究表明，植物的组织培养根的发生都来自不定根。组培苗瓶外生根与瓶内生根的形态解剖构造大体相似，不定根的形成从形态上可分为两个阶段，即根原基的形成和根原基的伸长及生长。据测定，根原基的形成约经历48h；根原基的伸长和生长阶段快的需要3~4d，慢的则要20~30d。试管苗瓶外根原基产生的部位一般在愈伤组织、皮层、髓射线、维管射线和形成层等，不定根的发端因植物的不同而异。

与瓶内生根相比，瓶外生根苗根系生长速度快，中柱发育早，有利于根系的建成。此外，瓶外生根苗茎干皮层细胞个体较小，叶片表皮角质层发达，叶片皮孔开张角度小，抗蒸腾作用和适应能力增强；海绵组织和栅栏组织分化程度高，叶肉细胞中叶绿素含量高，光合性能优于瓶内生根苗。

4. 影响试管外生根的因素

1) 生长素

在植物组织培养的过程中，植物生长调节剂起着非常重要的作用，而生长素更甚。不定根发生和发育的整个阶段一般都需要补充生长素，生长素的存在不仅有利于根原基的诱导，还有利于不定根的生长，但过高的生长素也会抑制根原基的生长，进而影响根的伸长。一般在根原基的启动和形成阶段生长素起着关键作用，而根原基的伸长和生长则可以在没有外源生长素的条件下实现。

试管外生根就是基于上述原理,在生根的起始阶段采用高浓度的生长素刺激根原基的形成,而在根原基的伸长阶段撤掉生长素,解除其抑制作用。因此生长素的存在对试管苗瓶外生根是必需和必要的,如牡丹丛生芽在试管外生根时,只有植株体内 6-BA 水平下降、IAA 水平升高后才有能有效形成不定根。

2)生根方式

试管苗瓶外生根大多采用微体扦插法进行,即将无根苗切下,经过一定浓度生长素处理后,扦插在基质或苗床上,给以保湿措施,完成试管苗的生根。微体扦插基质一般选择透气保湿的基质,如苔藓、蛭石、珍珠岩、泥炭等,如芦荟组织培养试管外生根以蛭石为好;一品红试管苗试管外生根以珍珠岩比较适宜,因为珍珠岩空隙大、质轻、透气性好,且有一定的保水能力。此外,试管苗还可进行水培生根。例如,满天星可采用瓶外水培生根,将健壮试管苗的茎段用 ABT 生根粉处理后,扦插进行水培,并覆盖保湿管理,其生根率可达 90%以上,且根系发达、吸水能力强、生长健壮。

3)环境条件

试管苗瓶外生根过程中的温度、湿度和光照等环境条件是成功的关键因素。试管苗一般生长在高湿、弱光、恒温、无菌的条件下,出瓶后若不保湿,极易失水萎蔫而死亡。因此,试管苗在进行瓶外生根时,必须经过由高湿到低湿、由恒温到自然变温、由弱光到强光的分步炼苗过程。在试管外生根前期需采取覆膜或喷雾等方法,保证空气相对湿度达到85%以上,温度起始阶段则控制在 20℃左右较为适宜,并及时增加光照,以保证幼苗基部的正常呼吸,且能防止叶片失水萎蔫,增强其光合作用的能力。在试管外生根后期则需加强通风,以逐渐降低湿度和温度,增强幼苗的自养能力,促进叶片保护功能快速完善,使气孔变小,增强抵抗性以及适应外界环境条件的能力,以提高生根成活率。

4)试管苗的质量

不同植物、不同幼化程度对分化不定根均有决定性的影响。一般木本植物比草本植物难,只有多次继代后才能生根,且年龄越小生根越容易,此外生长旺盛健壮的苗也较生长细弱的苗生根力强。因此,多次继代,并采用半木质化、叶片肥厚、茎秆粗壮的无根苗可获得较高的生根率。此外,无根试管苗在进行瓶外生根前,一般须进行炼苗,经过锻炼的试管苗,叶片抗蒸腾作用和适应能力增强,光合性能显著提高,适应外界环境的能力增强,生根成活率提高。

5. 试管外生根技术

有些植物种类在试管中难以生根,或有根但与茎的维管束不相通,或根与茎联系差，或有根而无根毛，或吸收功能极弱，均导致移栽后幼苗不易成活，这就需要采用试管外生根法生根。试管外生根的方法主要有以下 4 种。

1）试管内诱导根原基后扦插

从继代培养获得的丛生芽中选取生长健壮、长 1~3cm 的小芽，转入生根培养基中培养 2~10d，待芽苗基部长出根原基后再取出扦插到营养钵中。扦插通气性好，一般 5~6d 后即可由根原基长出主根、侧根和根毛，形成吸收功能好的完整根系。该方法简便易行，可缩短生产周期，又能显著提高移栽成活率。

2）生长素处理法

将无根的试管苗取出后，用生长素溶液浸泡 1h 或蘸生根粉后进行扦插。浸泡时使用的生长素浓度一般比诱导生根培养基高出 10 倍左右。草本植物可用 IAA 5mg/L+NAA 1mg/L，木本植物可用 IBA 5mg/L+NAA 1mg/L，浸泡 1~2h 后扦插。应用生根粉 ABT 生根时，先将试管苗迅速放在 1000mg/L 的 ABT 生根粉溶液中蘸一下，然后进行移栽，或者用 20~50mg/L 的生根粉溶液浸泡试管苗 12h 后移栽，可大大增加生根率。

3）盆插或瓶插生根法

用罐头瓶或盆作为容器时，内装泥炭或腐殖土与细沙，每瓶插入 10~30 株无根壮苗，插入深度为 0.3~1.2cm，并加入生根营养液，在一定的温度、湿度及光照条件下进行培养，约 20d 即可长出新根，约 30d 后待二级根长至 8~12cm 时即进行移栽，可有效提高成活率。

4）智能化苗床上生根

试管苗在智能化苗床中生根，是在计算机创造的模拟自然环境中进行的，一般采用无机基质，不仅方法简便、易于操作，而且出苗率高、成本低、根系发育好，移植后生长正常、无生长停滞现象。

任务 2-4 驯化和移栽组培苗

工作任务

任务描述：植物组培苗的驯化和移栽是指将无菌生根组培苗炼苗驯化后进行移栽的过程，是组培苗能否适应室外环境的一项关键技术，必须通过合理的炼苗驯化技术和移栽技术，创造合适的光照、温度、湿度等环境条件，才能使植物组培苗成功地完成从室内到室外的过渡阶段，保证组培苗顺利成活。针对这一目标，本任务需要完成两个工作任务：一是组培苗的炼苗驯化与移栽，二是组培苗的移栽后管理。

材料和用具：生根组培苗、栽培基质、穴盘或营养杯、镊子、水桶、喷壶、消毒剂等。

知识准备

1. 组培苗

1) 组培苗的生长环境

组培苗长期生长在培养容器中，与外界环境基本隔离，形成了一个独特的生态系统。与外界环境条件相比，具有恒温、高湿、弱光、异养、无菌的特点。

(1) 恒温

在试管苗的全部培养过程中，一般均采用较高温度 25(±2)℃的恒温培养，温度波动很小。

(2) 高湿

由于培养容器密闭，其内水分移动有两种途径，一是由培养基表面向容器中蒸发，水汽凝结后又进入培养基；二是组培苗吸收水分，从植物表面蒸腾。水分循环的结果是使培养容器中的相对湿度接近于 100%。在这种高湿的环境条件下，试管苗的蒸腾量是极小的。

(3) 弱光

培养室中的光源是少量的自然光和人工补光，光照的强度与自然环境中的阳光相比要弱得多，组培苗生长也很弱。

(4) 异养

组培苗自身光合能力很弱，基本上是借助培养基的养分提供营养物质。

(5) 无菌

组培苗所在的环境是无菌的，因此其对自然环境的抵抗能力很弱。

2) 组培苗的特点

(1) 叶片保护组织不发达

组培苗叶表面角质层薄或蜡质层不发达，叶片没有表皮毛，或仅有较少表皮毛，又因为组培苗长期在高湿环境条件下生长，气孔只开不闭，且气孔突起张开很大，功能不健全，缺乏控制水分蒸发的调节功能，这就导致组培苗在炼苗过程中以及移栽后叶片大量失水萎蔫。

(2) 茎的支撑能力较差

在自然界中，木本植物木质部发达、茎干直立坚硬，而草本植物表皮层有纤维细胞使茎秆坚硬，但组培苗的这些机械组织都发育得比较差，茎秆嫩而不坚硬，在缺水时容易萎蔫和倒伏。

(3) 根系不发达

组培苗根毛少或无根毛，吸水能力弱（瓶内苗靠组织吸水，但生根苗靠根毛吸水），不能适应土壤环境。

2. 炼苗

1) 炼苗的目的

如果将组培苗直接移栽到室外，其生存环境会发生剧烈的变化，绝大多数组培苗因为难以适应而死亡。炼苗的目的是人为创设一种由组培苗生境逐渐向自然环境过渡的条件，促进组培苗在形态、结构、生理方面向正常苗转化，使之更能适应外界环境，从而提高组培苗移栽的成活率。

2) 炼苗的原则

根据组培苗的特点及其生境与自然环境差异，炼苗应从光、温、气、湿及有无杂菌等环境要素考虑。前期以创设与组培苗原来生境相似的条件为原则，即在出瓶之前，将培养容器置于较强光下，逐渐打开封口增加通气，直至封口物全部去除，使组培苗逐渐适应外界环境，这个炼苗过程在炼苗室内进行，组培苗不离开培养容器，因此也称瓶内炼苗，一般需要 10~20d。后期则创设与自然环境相似的条件，以利组培苗在形态结构及生理功能方面向适应外界环境的方向转化，即从培养室移出后定植到育苗容器或苗床后，要经过一段保湿遮光阶段，称为瓶外炼苗，从而有效提高移栽成活率。

在组培苗炼苗过程中最大的障碍是湿度。因为组培苗叶片角质层不发达，叶片通常没有表皮毛，或仅有较少表皮毛，甚至叶片上出现了大量的水孔，此外，气孔的数量、大小也往往超过普通苗。如果将它们直接移栽到自然环境中，组培苗蒸腾作用极大，失水率很高，非常容易死亡。为了改善试管苗的上述不良生理、形态特点，要经过与外界相适应的炼苗处理，常采取的措施为：对外界采取增加湿度、减弱光照；对试管内采取通透气体、增施二氧化碳肥料、逐步降低空气湿度等措施。

3. 移栽

经过炼苗驯化过后的试管苗就可以进行移栽种植，移栽过程中应注意以下事项，并采取相应措施。

1) 试管苗移栽注意事项

①从瓶中取苗要轻，防止扯断苗根。

②组培苗清洗时，一定要将其上的琼脂和松散的愈伤组织清洗干净。

③移栽基质要疏松，且排水和透气性要好。同时，要注意对基质进行彻底的消毒处理。

④移栽最好选在无风阴湿的天气。

⑤对于已经植于育苗盘的组培苗，应在清洁又能控温的条件下生长，空气湿度要大，光照过强应适当遮阳。

2) 提高试管苗炼苗移栽成活率的措施

①应有针对性地调整培养基配方，改善培养条件，努力提高试管苗质量。

②及时出瓶炼苗，避免组培苗老化。操作过程应极力避免损伤组培苗的根和叶。无根或根系不发达的小苗要在基部蘸取生根粉或生长素溶液，以尽快促进生根。

③改善过渡培养的环境条件，有条件的单位可采用自控温室，并配合喷灌，能极大提高移栽成活率。

④选择恰当的种植介质，要求疏松、保水和保肥，易灭菌。对栽培基质进行灭菌或喷洒杀菌剂溶液，可防止滋生大量杂菌扼杀组培苗。

⑤保持组培苗的水分供需平衡。因为组培苗的茎叶保水能力差，加上根系吸水能力差，所以需要提高环境中的相对湿度，使小苗保持挺拔姿态，以保证正常的各种生命活动。

⑥适当采取遮阴措施，可降低蒸腾失水，也可避免强日照对叶片的灼伤。

⑦加强肥水管理和病虫害防治。

⑧降低无机盐的浓度对植物生根效果好，有利于移栽成功。

⑨在生根培养基中加入少量活性炭，对某些植物的嫩茎生根有良好作用，

尤其是采用酸、碱和有机溶剂洗过的活性炭效果更佳。但活性炭对某些植物根的生长无作用。

⑩炼苗过程中让植物组培苗逐渐从无菌环境向有菌环境过渡。

4. 移植后管理

移植后的小苗仍要注意控制温度、湿度、光照，保持基质适当的通气性，保证洁净度，防止菌类滋生，促使小苗尽早达到定植标准。

1）水分管理

在移栽后 5~7d 内，应给予较高的空气湿度条件，可采取浇水、喷雾、搭设小拱棚等措施。5~7d 后，若发现小苗有生长趋势，可逐渐降低湿度，使小苗适应湿度较小的条件。

2）温度和光照管理

适宜的生根温度一般为 18~20℃。温度过低会使幼苗生长迟缓，或不易成活，冬春季地温较低时，可用电热丝来加温。温度过高会使水分大量蒸发，从而破坏水分平衡，并会促使菌类滋生。在光照管理的初期可用较弱的光照，一般控制在 3000lx 左右，具体措施有在小拱棚上加盖遮阳网等，以防阳光灼伤小苗和增加水分的蒸发。当小植株有了新的生长时，逐渐加强光照，后期可直接利用自然光照。选择适宜的光照能有效促进光合产物的积累，增强抗性，促其成活。

3）基质管理

在管理过程中要选择适当的颗粒状基质，不要浇水过多，过多的水应迅速沥除，以利根系呼吸，防止烂苗。

4）病害防治

组培苗原来的环境是无菌的，但移出后难以再保证完全无菌的环境，因此，应尽量不使菌类大量滋生，以利成活。具体措施有对基质进行高压灭菌或烘烤灭菌；适当使用一定浓度的杀菌剂以便有效地保护幼苗，如浓度 800~1000 倍的多菌灵、托布津，喷药宜 7~10d 一次。

5）养分管理

给苗喷水时可加入 0.1% 的尿素，或用浓度为 1/2MS 培养基的大量元素水溶液作追肥，可加快苗的生长与成活。

综上所述，组培苗在移栽管理的过程中，应综合考虑各种生态因子的相互作用，及时调节各种变化中的生态因子，加强管理，把水分、温度、光照基质、病害、养分等条件控制好。

任务实施

组培苗驯化移栽操作方法流程如图 2-4 所示。

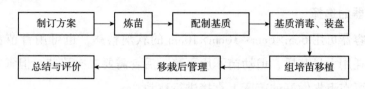

图 2-4 组培苗驯化移栽操作方法流程

1. 制订实施方案

以小组为单位制订试管苗驯化移栽实施方案，方案设计要科学合理、内容具体、可操作性强。

2. 炼苗

将准备移栽的组培苗移至炼苗室，开始时注意适当遮光，保持温湿度，以后逐渐撤除遮光用具，并加大温差。过程中要先松开封口逐渐放松直至最后撤除封口材料，并逐渐降低湿度、增强光照，使新叶逐渐形成蜡质，产生表皮毛，降低气孔口开度，逐渐恢复气孔功能，减少水分散失，促进新根发生，以适应环境。湿度降低和光照增强的进程因依植物种类、品种、环境条件而异，若能使原有叶片缓慢衰退，新叶逐渐产生则表明进程合理。如湿度降低过快，光线增加过大，原有叶衰退过速，则使原有叶片褪绿和灼伤、死亡或缓苗过长而不能成活。一般情况下初始光线应为日光的 1/10，其后每 3d 增加 10%。湿度开始 3d 按饱和湿度，其后每 2~3d 降低 5%~8%，直到与大气相同。经过 1~2 周的炼苗后，便可移栽。

3. 移栽

1) 选择移栽时期

移栽时期最好选择该种植物的自然出苗季节，这样容易成活，又能保证及时开花，如菊花宜在春末夏初移栽，不但移栽成活率高，且能当年开花。

2) 选择与配制移栽基质

适于移栽植物组培苗的基质要具备透气性、保湿性和一定的肥力，容易灭菌处理，且不利于杂菌滋生。一般可选用珍珠岩、蛭石、河沙、过筛炉灰渣、腐熟锯末、草炭、腐殖土、椰糠等，兰科植物最好用草苔。基质应根据不同植物的栽培习性配制。配时需要按比例搭配，一般珍珠岩：蛭石：草炭（或腐殖土)比例为1∶1∶0.5,也可用沙子∶草炭(或腐殖土)为1∶1。这些基质在使用前应高压蒸汽灭菌,也可用0.3%~0.5%高锰酸钾溶液消毒或0.3%硫酸铜稀释液进行消毒。

3) 容器的选择

栽培容器可用6cm×6cm~10cm×10cm的软塑料钵,也可用育苗盘。前者占地大,耗用大量基质,但幼苗不用再移,后者需要二次移苗,但省空间、省基质。也可在事先做好的苗床上直接进行移栽。

4) 移栽方法

当组培苗长出白色、粗壮的不定根3~4条,且根长0.5~1cm,芽苗长2cm左右时,可以进行组培苗的驯化、移栽。将组培苗从瓶中取出后,放在盛有20℃左右的温水中,将附着在根上的培养基清洗掉,洗时动作要轻,注意不能伤根。然后放入另一盆温水中清洗一次,将培养基彻底洗掉,以免残留的培养基引起污染腐烂。用800倍50%多菌灵等杀菌剂浸泡1~2min,移植到消过毒的基质上。栽植深度适宜,尽量不要弄脏叶片,防止弄伤植株。栽后把苗周围基质压实,栽前基质要浇透水,栽后则轻浇薄水。将苗移入高湿度的环境中,保证空气湿度达90%以上,并保持一定的温度,适当遮阴。一般组培苗培养20~30d后长出新根,发出2~3片新叶,高度达5~10cm时,便可移栽到田间或盆钵中。

考核评价

驯化和移栽组培苗考核评价标准

评价内容	评价标准	分值	自我评价	教师评价
驯化方案制定与调控	驯化场地选择与环境调控	20		
	驯化苗选择正确,驯化条件适宜			
	驯化流程规范,生根苗健壮			
移栽基质选择与消毒	选择适宜的移栽基质	20		
	基质混合均匀,符合移栽要求			
	基质消毒操作规范			
移栽流程	生根苗出瓶清洗干净,不伤根	30		
	生根苗消毒操作规范			
	移栽株行距合理,种植深度适中			
	栽后管理到位,温湿度调控适宜			
	移栽成活率高,苗木生长健壮			

（续）

评价内容	评价标准	分值	自我评价	教师评价
实训报告	操作过程描述规范、准确	10		
	取得的效果总结真实详细			
	体会及经验归纳完备、分析深刻			
技能提升	会正确驯化与移栽组培苗，苗木成活率高	10		
	会独立查找资料			
素质提升	培养自主学习、分析问题和解决问题的能力	10		
	学会互相沟通、互相赞赏、互相帮助、团队协作			
	善于思考、富于创造性			
	具有强烈的责任感，勇于担当			

知识拓展

组培阳光苗的培育

组培阳光苗是指经过组织培养生产的组培苗，前期短时间地在培养室培养，后期在自然光照条件下，在标准温室里面炼苗。目前，组培苗的生长环境有两种，一种是在室内采用日光灯育苗，光照条件人为控制，光照强度、光照时间和光质等相对固定；另一种是阳光苗。植物的生长发育过程中，光照是一个重要的条件，不同的植物，最佳的光照条件是不一样的。如果光照强度过强，苗的生长速度慢；如果光照强度过弱，苗的生长速度也慢。除此之外，对于组培苗，如果光照强度过弱，那么苗也更弱，死亡率更高，徒长更严重，生长更慢。采用日光灯生长的组培苗，虽然在室内长期日光照射的环境下，干燥并且干净，更容易控制发霉情况，但是正常日光灯的光照强度只能到2000～4000lx，难以满足植物生长所需的光照强度，如果增加日光灯，那么成本也会显著增加。在标准温室内，采用太阳光作为光源，利用3层的遮阳网控制光照强度，可以在2000～90 000lx范围内调节光照强度，最适合组培苗不同阶段的生长需求。

阳光苗在传统组培育苗室过渡后直接进入标准温室炼苗，不仅大大提高组培苗的质量，还可以降低组培苗的生产成本。采用自然光作为光源比白炽灯节省电费，低碳环保。同时，温室的造价比传统育苗室要低，可以降低固定资产投入。但是，阳光苗也存在污染率增高，培养周期延长等问题。因此，在阳光苗培育过程，控制温室的湿度和洁净度十分关键，组培苗瓶口的包扎也非常重要，应尽量减少组培苗的移动。为了降低瓶苗培养周期，可以提前出瓶移栽，因为阳光苗的温度、湿度、光照等瓶内生长环境与瓶外差别不大，适当提前出瓶移栽，对成活率影响不是太大。

任务 2-5 体细胞胚胎发生

🏠 工作任务

任务描述：在离体培养条件下，植物离体培养的细胞、组织、器官也可以产生类似胚的结构，这种胚状结构的发育过程与合子胚相似，又因由体细胞分化而来，故又称为体细胞胚胎或胚状体。植物离体培养细胞产生体细胞胚胎的过程称为体细胞胚胎发生，有时简称体胚发生。体细胞胚胎发生的一般程序为：胚性愈伤组织诱导、胚性愈伤组织保持增殖和后期原胚的形成、体细胞胚胎发育成熟形成子叶胚、体细胞胚胎萌发和植株再生。

本任务以湿地松为样本，完成湿地松体细胞在人工无菌培养条件下分化产生体细胞胚胎的过程。通过本工作任务，可熟悉体细胞胚胎发生的一般原理；掌握影响植物体细胞胚胎发生的因素。

材料和用具：湿地松种子、DCR 基本培养基（或 MS、GD、LM、LP、SH 培养基）、75%乙醇、3% NaClO、解剖刀、镊子、高温灭菌器、酒精灯等。

🌐 知识准备

正常情况下，植物胚胎发生是指受精后的一系列连续过程，即从合子（受精卵）到成熟胚发生、发育的有规律变化，这种情况下形成的胚称为合子胚，历经球形胚、心形胚、鱼雷形胚和子叶形胚，最后成为成熟胚。但植物组织培养的实践证实，植物体细胞具有形成胚的能力。1958 年，英国科学家用胡萝卜根的愈伤组织细胞进行悬浮培养，成功诱导出胚状体并分化为完整的小植株。这是第一次实现人工体细胞胚胎。植物体细胞胚胎是指在离体培养过程中由植物外植体或愈伤组织产生与受精卵发育方式类似的胚胎结构现象。越来越多的研究表明，植物体细胞在离体培养中，通过体细胞发生途径形成再生植株已是极其普遍的现象，并认为该发生途径是植物体细胞在离体培养条件下的一个基本发育途径。

1. 体细胞胚胎和合子胚发生体系的区别

合子胚有胚乳和种皮包被，而体胚没经过受精作用，没有胚乳和种皮，以培养条件代替了胚乳的作用，子叶常不规范。体胚体积明显小于合子胚，干物质的积累、蛋白质合成和多糖含量也明显少于相应的合子胚，组成上也不同。

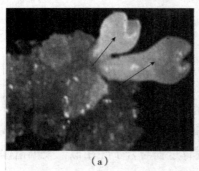 

(a) (b)

图 2-5 植物体细胞胚胎类型

(a) 香蕉体细胞胚胎；(b) 可要心形胚(A)和球形胚(B)

体胚中一般没有胚柄的分化，或胚柄不明显，如图 2-5 所示。体胚的发芽率、生活力和转换率远低于合子胚，畸形胚发生率高于合子胚。

2. 体细胞胚胎发生特点

与诱导器官发生相比，体细胞胚胎发生具有以下特点。

①具有明显的极性　即在体胚发生的早期就已分化出顶端(子叶)及基端(胚根)。胚性细胞不均等分裂，形成顶细胞及基细胞，随后顶细胞分裂形成多细胞原胚，而基细胞分裂形成胚柄类似结构。

②存在生理隔离　体细胞胚胎在形成后与母体(外植体)维管束系统的联系逐渐减少，形成生理上的隔离。

③遗传性相对稳定　理论上只有未经或较少突变的细胞可以实现全能性的表达，体细胞胚胎可以制作成人工种子，不仅加速繁殖，且可保持优良种质的遗传稳定性。因此通过体胚发生形成的植株遗传性相对稳定。通过体细胞胚形成的再生植株变异小于器官发生途径形成的再生植株。

④最能体现植物细胞全能性　体细胞胚胎发生途径重演了合子形态发生的进程。该途径具有普遍性，即在适宜的培养条件下，植物的体细胞都具有形成体细胞胚胎的潜在能力。

3. 体细胞胚胎发生方式

根据体胚发生过程中是否形成愈伤组织，可以将其分为间接发生途径及直接发生途径。

体细胞经脱分化，先形成愈伤组织，再由薄壁细胞分化形成体细胞胚胎的过程被称为间接发生途径。间接发生途径中，外植体已分化的细胞先脱分化，并对进一步发育重新决定而诱导出胚性细胞——诱导胚胎决定细胞，进而形成体细胞胚胎,并萌发形成小植株(图 2-6)。

而由外植体的某些细胞直接诱导分化出体细胞胚胎的过程被称为直接发生途径。直接发生途径的来源细胞可以是外植体表皮、亚表皮、幼胚、悬浮培养的细胞和原生质体。一般认为直接发生途径是由原来就存在于外植体中的胚性细胞预胚胎决定细胞培养后直接进入胚胎发生而形成体细胞胚胎,如柑橘属的珠心组织(体内或离体)可以通过预胚胎决定细胞直接进行体细胞胚胎发生,而且是自然发生,有时甚至不需要借助外源生长调节剂。在体细胞胚胎再生植株表皮细胞中含有预胚胎决定细胞,可以在合适条件下直接进行体细胞胚胎发生,如胡萝卜和石龙芮等。但也有些植物,如水曲柳的体胚发生过程同时具有直接及间接发生,这种方式被称为混合发生途径。

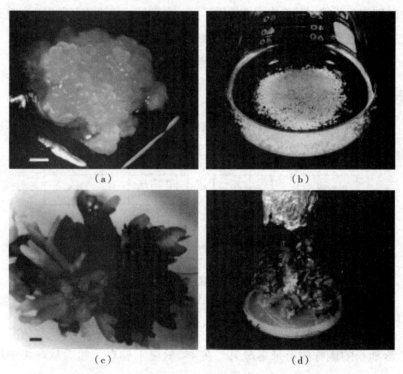

图 2-6 甘薯胚性愈伤组织诱导体细胞胚胎并形成再生小植株
(a)茎尖培养诱导形成胚性愈伤组织;(b)胚性愈伤组织悬浮培养增殖;
(c)由细胞集合体形成体细胞胚胎;(d)体细胞胚萌发并形成小植株

4. 体细胞胚胎发生起源

体细胞胚胎究竟起源于单细胞还是多细胞,目前仍有争论。但研究结果发现,绝大多数研究认为,体细胞胚胎起源于单细胞。从多种植物的愈伤组织中都可以观察到多个单个胚性细胞及不同发育时期的体细胞胚胎,如不均等分裂的二细胞原胚和均等分裂的二细胞原胚、多细胞原胚、球型胚和成熟胚等。国外学者用果胶酶处理柑橘的愈伤组织,使细胞解离后再用微孔筛过滤,除去未完全解离的细胞团后培养单个细胞,最后得到体细胞胚胎,由此证明体细胞胚胎来源于单个细胞。王亚馥等发现小麦体细胞胚是起源于愈伤组织表层或近表层的单个胚性细胞,体细胞胚胎经球形胚、梨形胚、盾片胚、成熟胚而成为再生植株。洪岚等对微甘菊体细胞胚胎发生的研究结果表明,薇甘菊体细胞胚胎发生为单细胞起源。体细胞胚胎起源于胚性愈伤组织的胚性细胞,胚性细胞经过一次不均等分裂产生两个细胞,即胚细胞和胚柄细胞,然后经过具胚柄的多细胞原胚,再经过球形胚、心形胚、鱼雷胚阶段,最后发育成具有子叶的成熟体胚。张涛等在芸芥体细胞胚胎发生过程中,观察发现了从单个的原始细胞到多细胞原胚、球形胚、鱼雷形和子叶胚的各个发育时期,确定芸芥体胚起源于单个细胞,为单细胞起源的体胚发生方式提供了又一个例证。体细胞胚胎发生的实质是细胞分化,而细胞分化的分子基础则是基因差异表达与调控的结果。目前,其发育过程的分子机制仍然不是很清楚,有许多问题需进一步深入研究。

🌐 任务实施

以湿地松为样本,完成湿地松体细胞在人工无菌培养条件下分化产生体细胞胚胎的过程。湿地松体细胞胚胎发生操作方法流程如图 2-7 所示。

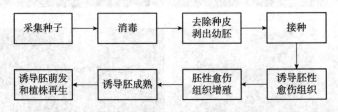

图 2-7 湿地松体细胞胚胎发生操作方法流程

1. 材料选择与消毒

从湿地松的优株树上采集球果,在 4℃ 低温下储存,然后从球果中取出种子,将种子用 75% 乙醇浸润 1min,无菌水冲洗 3 次,再放入 3%NaClO 灭菌 15min。无菌水冲洗 3 次后,剥出的幼胚作为外植体,将外植体转入 DCR 诱导培养基上(附加不同浓度的激素组合)。每瓶接 5~6 个外植体。

2. 胚性愈伤组织诱导与增殖

首先进行诱导培养,将接种后的 DCR 基本培养基(2,4-D、NAA、6-BA 的参考浓度分别为 1.0mg/L、1.0mg/L、0.5mg/L)置于暗中培养,温度为 22~25℃。每隔 25~30d 转移继代一次。统计胚性愈伤组织的诱导频率。

再进行增殖培养，用改良 DCR 基本培养基(谷氨酰胺 400mg/L、水解酪蛋白 500mg/L、2,4-D 1.0mg/L、NAA 1.0mg/L、激动素 0.5mg/L、6-BA 0.5mg/L)转接。继代转接时，挑取最新分化的愈伤组织，每隔 20d 左右继代 1 次，在 22~25℃下暗培养。

3. 胚成熟诱导

将胚性愈伤组织接种于成熟培养基，培养基为改良 1/2 LV 基本培养基[大量元素减半，添加脱落酸(ABA)]：谷氨酰胺 500mg/L、水解酪蛋白 500mg/L、ABA(参考浓度分别为 30mg/L、40mg/L)、蔗糖 50g/L、琼脂 8g/L，pH 调至 5.8。4 周左右继代 1 次，培养条件同愈伤组织的诱导和增殖培养。培养大约 10 周能长出大量成熟的体细胞胚胎(Ⅰ期胚)，挑出置于萌发培养基。

4. 胚萌发

挑出成熟体细胞胚胎转入萌发培养基萌发，每瓶接种 20 个成熟体细胞胚胎，萌发培养基为含有改良成分的 1/2 LV 基本培养基(大量元素减半，不加任何外源激素)：维生素 C 20mg/L、蔗糖 30g/L、琼脂 7.0g/L，pH 调至 5.8。30d 左右继代 1 次，22~25℃下光照培养。培养 1 个月后正常萌发(具有 2 片以上的子叶或真叶和主根，称为正常萌发)。

5. 植株再生

体细胞胚胎萌发形成长约 2cm 的具有完整结构发育良好的小植株，再移至消毒后的草炭土和珍珠岩的混合基质中，光照 1200lx，温度 25℃，继续培养至长成完整植株。

考核评价

体细胞胚胎发生考核评价标准

评价内容	评价标准	分值	自我评价	教师评价
现场操作	正确进行接种室、培养室及无菌工作台消毒，药品和工具等准备齐全	30		
	正确进行外植体消毒，每步操作准确			
	接种操作认真，正确规范			
	培养瓶标识符合要求			
	接种结束后，无菌工作台台面清理干净、迅速、整洁			

(续)

评价内容	评价标准	分值	自我评价	教师评价
结果统计	定期观察，每隔 5d 统计污染率≤10% 统计记录胚性愈伤组织的诱导频率[诱导频率(%)＝成熟体细胞胚胎个数/接种的愈伤组织块数×100]	30		
实训报告	培养方案设计完整，字迹工整，描述准确 试验结果内容详细，说明有理有据	20		
技能提升	会独立设计培养方案，合理选择激素组合 会独立查找资料	10		
素质提升	培养自主学习、分析问题和解决问题的能力 学会互相沟通、互相赞赏、互相帮助、团队协作 善于思考、富于创造性 具有强烈的责任感，勇于担当	10		

知识拓展

影响植物体细胞胚胎发生的因素

从体细胞转变为胚性细胞是一个复杂的过程，受多种因素的影响，主要有外植体类型、外源激素以及不同离子的作用、培养条件(如光照、温度)等。但这些因素诱导植物体细胞胚胎发生的作用程度不一样，只有各种因素相互配合使用，才能快速高效诱导出体细胞胚胎。

1. 外植体

由于植物细胞的全能性，植物体的各种器官，如根、茎、叶、花、果、种子等都有可能产生体胚。不同外植体体细胞胚胎发生能力不同，如胡萝卜子叶不同部位(图 2-8)培养诱导的发育过程不同，只有表皮下细胞才具有真正的细胞全能性，有能力直接产生体细胞胚胎(胚胎发生区)，而不用通过愈伤组织阶段的诱导。

大量实验证明，外植体的生理状态

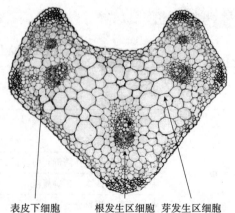

图 2-8 胡萝卜子叶不同部位外植体示意

和发育程度都直接影响体细胞胚胎发生，一般生理代谢旺盛而分化程度较低的组织有利于体细胞胚胎的诱导。胡桃楸胚性愈伤组织诱导与体细胞胚胎发生的研究结果表明合子胚为外植体时最易形成胚性愈伤组织，外植体最佳取材时期为5～6月。对于针叶树来说，最常用的起始外植体也是从种子中分离出来的合子胚，而合子胚或种子的发育成熟程度对诱导胚状体的影响是很大的。大多数树种的未成熟种子比成熟种子或幼苗有更高的诱导潜能。

2. 糖类和金属离子

糖类对诱导植物体细胞胚胎发生有重要影响。在植物体胚发生过程中，糖类不仅提供碳源、维持渗透压，可能还起到信号分子的作用。对绝大多数植物而言，蔗糖浓度太低或无蔗糖时，生成的愈伤组织量少而且无胚性能力，不能再生成苗；蔗糖浓度太高，如9%时，愈伤组织虽具胚性能力，但愈伤组织生长极慢、量少，而且再生能力有所下降。而蔗糖浓度为3%时，愈伤组织量多、再生能力强，而且正常苗比例高。例如，在枸杞体细胞胚胎发生中，蔗糖浓度在3%～6%条件下，体细胞胚胎诱导频率可维持在较高水平，但蔗糖浓度达到9%时会影响细胞生长渗透势，抑制体细胞胚胎发生与发育，导致体细胞胚胎诱导率显著下降。实验显示胡萝卜愈伤组织在含不同蔗糖浓度的MS培养液中培养7d后，在1%和12%蔗糖培养液中空长细胞多，在含3%、5%、8%和10%蔗糖的培养液中空长细胞少，小细胞多。

此外，淀粉的积累与胚性细胞分化能力和体细胞胚胎发育时期的转折密切相关。研究发现，小麦的愈伤组织一旦分化为胚性细胞就有淀粉粒的积累，在胚性细胞分化与发育整个过程中，淀粉的两次合成高峰均在发育的重要转折期，这说明淀粉的积累为体细胞胚胎的进一步发育和分化提供了必要的物质和能量基础。

在许多植物的组织培养中，Ag^+、Zn^{2+}、Cu^{2+}、Co^{2+}、Mn^{2+}等金属离子可起到促进形态发生的作用，不仅提高诱导频率，且加速胚性愈伤组织的形成。因此，在培养基中加入适当浓度金属离子可提高体细胞胚胎发生的频率，使愈伤组织的体细胞胚胎发生数量提高，防止培养物的褐化与玻璃化。但是，超过一定浓度则对植物有毒害作用，如Ag^+对枸杞体细胞胚胎发生表现促进作用，当$AgNO_3$的浓度为50mg/L时，可大大提高愈伤组织中体细胞胚胎发生，是对照组（不加$AgNO_3$）的3倍左右；而超过此浓度后，Ag^+离子对枸杞体细胞胚胎发生表现毒害作用，体细胞胚胎发生受到明显抑制。

3. 外源激素

植物外源激素的种类、浓度和处理时间对胚性愈伤组织和体细胞胚胎的诱导、体细胞胚胎萌发及形成再生植株都会产生很大的影响。不同植物所使用的激素种类大不相同，有的植物必须通过生长素与细胞分裂素联合使用，而有的植物只使用生长素或细胞分裂素便可形成体细胞胚胎。在已有的报道中，愈伤组织的诱导一般在含有较高浓度生长素和较低浓度细胞分裂素的培养基上进行，常用的生长素是2,4-D和NAA，常用的细胞分裂素是BA和KT等。

2,4-D是一种在体胚发生过程中经常使用的激素。初始诱导胚性愈伤组织阶段，需要加入高浓度2,4-D来促进胚性愈伤组织的产生；当胚性愈伤组织形成之后，高浓度2,4-D却是抑制体细胞胚胎进一步发育的因素，需要降低或者去除该激素来使胚性愈伤进一步发育。芹菜组培诱导体胚发生时，如不及时降低2,4-D浓度，球形胚就产生次生胚，当次生胚发育到球形胚后又循环形成次生胚，从而抑制了体细胞胚胎的正常发育。早在进行胡萝卜细胞悬浮培养的体细胞胚胎发生中就已发现，2,4-D在诱导胚性细胞早期是必需的，其可通过影响IAA结合蛋白起作用，其实质是促进IAA结合蛋白的形成，提高细胞对IAA的敏感性从而诱导胚性细胞的形成。

噻苯隆(TDZ)作为另一种重要的激素，被广泛应用于很多其他的植物体细胞胚胎发生中，利用TDZ可以使许多难于再生植株的植物成功地获得体细胞胚胎及再生植株。TDZ对植物体胚发生的作用因植物种类而异，它对体胚发生有促进或抑制作用，有时对同一种植物的不同栽培种的体胚发生也会起不同的作用。在植物体胚发生过程中，TDZ可能通过调节相关的酶活性、内源植物激素或者通过胁迫诱导起作用。

此外，经研究表明，ABA对植物体细胞胚胎发生也起到重要的调控作用。体细胞胚胎经ABA处理后，ABA可明显提高体细胞胚胎发生的频率和质量，促进体细胞胚胎成熟，而且ABA加入培养基的时间越早其效应越显著。此外，外源ABA与内源ABA还对体细胞胚胎发生起到相互调节和促进的作用，因而可在培养基中加入适量的ABA，以弥补内源ABA含量的不足。同时，ABA的添加能抑制多种异常体胚的发生。

4. 光照

在胚性愈伤组织的诱导过程中，一般认为黑暗有助于胚性愈伤组织的获得。光照会促使胚性愈伤组织变褐，使胚性愈伤组织不易形成早期体细胞胚胎。在利用DCR和改良P6培养基进行马尾松体细胞胚胎发生研究时发现，在胚性愈伤组织的诱导初期，光照与黑暗条件下结果相近。但随着继代次数的增加，光照条件下产生的胚性愈伤组织生长过快且容易褐化，对后期发育产生不利影响，在白皮松、火炬松、北美蓝云杉等均有类似结论的报道。但有国外学者利用 1/2MS 培养基对挪威云杉的成熟胚进行了培养，在 24h 光照下同样可诱导出白色半透明的胚性愈伤组织，获得胚性组织的频率与黑暗条件下无明显差异，分析认为可能是由于基本培养基的无机盐硝酸铵转换成为其他有机氮化物（谷氨酰胺或左旋游离氨基酸 ASP）引起的。

5. 温度

在体细胞胚胎培养过程中，不同植物或植物的不同部位诱导体细胞胚胎对温度的反应有很大差异，同时也非常敏感，相差 1℃ 或 2℃ 就可能导致培养效果的很大差异。因此，在控制体细胞胚胎发生的诸多方法中，按照体细胞胚胎发育的不同阶段，利用温度调节获得质量好、数量多的体细胞胚胎是一种简便易行的方法。

经研究发现，如果低温处理，如 −5℃、−10℃、−18℃ 冰冻至少 270d，可促进体细胞胚胎成熟。同时，低温处理可使其发芽及正常发育。这是因为利用冷激的方法可打开体细胞胚发芽及发育的必要生理代谢机制。所以，接种前用低温或激素预处理外植体对体胚胎发生有促进作用。杨金玲等研究白杆体细胞胚胎发生及其植株再生时发现，白杆球果采摘后不经冷藏便剥出种胚接种于改良 LP（附加 2mg/L 2,4-D、1mg/L 6-BA）培养基上，愈伤组织的诱导频率仅为 30%，愈伤组织产生的时间也不一致；但如果将白杆球果采摘后在 4~6℃ 低温条件下保存 1 个月，愈伤组织的诱导频率可提高到 96%，愈伤组织产生的时间也比较一致。实验表明，适当的低温处理，一般不会引起细胞 DNA 和染色体变异；另外，随着培养温度的升高，胚状体诱导率会逐渐下降，质量明显下降，胚状体显著变小，成熟胚比例也相应减少。如果培养温度过高，还会使体细胞胚胎褐化和玻璃化越加严重。

巩固训练

1. 在植物组织培养中，通过哪些途径可以得到完整的植株？
2. 普通茎尖培养时，怎样取材和处理外植体？
3. 如何提高组培苗的继代增殖率？
4. 如何提高组培苗的生根率？
5. 如何提高组培苗的移栽成活率？
6. 影响植物体细胞胚胎发生的因素有哪些？
7. 体细胞胚胎发生途径与器官发生途径形成植株的区别有哪些？

项目3 脱毒苗生产

知识目标

1. 掌握植物微茎尖脱毒原理与方法。
2. 掌握植物热处理脱毒原理与方法。
3. 理解植物其他脱毒方法的机理与操作程序。
4. 掌握脱毒苗鉴定原理与方法。

技能目标

1. 会进行植物微茎尖脱毒技术的一般操作。
2. 会使用植物热处理脱毒方法。
3. 会进行植物脱毒苗检测。

素养目标

1. 培养学生，爱国主义精神，树立科技自信、文化自信。
2. 培养学生爱岗敬业、吃苦耐劳、精益求精的职业精神。
3. 培养学生善于观察分析、发现问题和解决问题的工作思维。

任务 3-1　培养植物脱毒苗

🏠 工作任务

任务描述：植物脱毒是通过各种物理或化学方法将植物体内有害病毒及类似病毒去除而获得无病毒植物的过程。由于茎尖分生组织中一般无病毒或只含有较低浓度的病毒颗粒，所以茎尖脱毒培养技术已成为植物脱毒苗生产中应用最广泛的一种方法。本任务以马铃薯为样本，在无菌条件下对马铃薯外植体材料进行消毒、准确剥离茎尖，获得马铃薯脱毒苗。通过本任务掌握微茎尖脱毒培养、热处理脱毒培养及其他脱毒培养方法

材料和用具：马铃薯染病植株、无菌工作台、解剖镜、解剖刀、接种针、镊子、无菌滤纸、75%乙醇、0.1%升汞、吐温、无菌水。

🌐 知识准备

全世界已发现近 700 种植物病毒可引起植物病害，受病毒危害的植物很多，大部分农作物，如粮食作物中的马铃薯、甘薯、水稻等，经济作物中的百合、大蒜、草莓等，特别是无性繁殖的作物都受到一种或一种以上病毒侵染。这主要是由于很多园艺植物利用茎、根、枝、叶、芽等无性繁殖器官，通过嫁接、分株、扦插、压条等途径来进行繁殖，病毒经营养体传递给后代，使危害逐年加重。而且园艺植物产地比较集中，通常呈规模化集约栽培，易造成连作危害，加重了土壤传染性病毒和线虫传染性病毒的危害。当植物被病毒侵染后，常造成生长迟缓、品质变劣、产量大幅度降低，甚至导致植物整株死亡，给农业生产造成巨大的危害和损失。

病毒病害与真菌和细菌病害不同，不能通过化学杀菌剂和杀菌素予以防治，而脱毒苗的培育，无疑满足了农作物和园艺植物生产发展的迫切需要。自 20 世纪 50 年代发现通过植物组织培养方法可以脱除染病植物的病毒、恢复种性、提高产量和质量，组织培养脱毒技术便在脱毒生产中得到广泛应用，且有不少国家已将其纳入常规良种繁育体系，有的还专门建立了大规模的脱毒苗生产基地。我国是世界上从事植物脱毒和快繁最早、发展最快、应用最广的国家，目前已建立了马铃薯、甘薯、草莓、苹果、葡萄、香蕉、菠萝、番木瓜、甘蔗等植物的脱毒苗生产基地，每年可提供几百万株各类脱毒苗。

脱毒苗的培养丰富了植物病理学的内容，从过去消极地砍伐病枝、销毁病

株，到病株的脱毒再生，形成积极有效的预防途径，并且对绿色产品开发、减少污染、保护环境、保持健康都具有长远的意义。

1. 茎尖培养脱毒

1943年，怀特发现在感染烟草花叶病毒的烟草植株生长点附近，病毒的浓度很低甚至没有病毒，病毒含量随着植株部位及年龄而异。1952年，国外学者从感染花叶病毒的大丽菊分离出茎尖分生组织(0.25mm)，培养得到的植株，嫁接在大丽菊实生砧木上检验为无病毒植株，从此茎尖培养就成为解决病毒病的一个有效途径。

茎尖培养之所以能除去病毒是由于病毒在感染植株上分布不一致，一般成熟的组织和器官病毒含量较高，而未成熟的组织和器官病毒含量较低，生长点区域(0.1~1.0mm)则几乎不含或含病毒很少，主要有3个原因：一是病毒在寄主植物体内主要靠维管束传播，茎尖分生组织没有维管束，无法传播；二是病毒虽可以通过胞间连丝进行传播，但其传播速度远远赶不上茎尖分生组织的生长速度；三是茎尖分生组织中存在高浓度的内源生长素，抑制病毒的增殖。

不同植物以及同一植物要脱去不同的病毒所需茎尖大小是不同的。通常茎尖培养脱毒效果的好坏与茎尖大小呈负相关，即切取茎尖越小，脱毒效果越好；而培养茎尖成活率的高低与茎尖的大小呈正相关，即切取茎尖越小，成活率越低。所以，具体应用时既要考虑脱毒效果，又要考虑其提高成活率。一般切取0.2~0.3mm，带1~2个叶原基的茎尖作为培养材料较好。

茎尖脱毒培养繁育程序如图3-1所示。

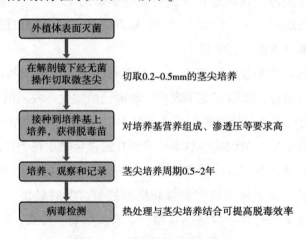

图3-1 茎尖脱毒培养繁育程序

2. 热处理脱毒

1889年，在印度尼西亚爪哇岛发现，将患枯萎病的甘蔗（现已知为病毒病），放在50~52℃的热水中保持30min，甘蔗就可去病且生长良好。这个方法被广泛应用于甘蔗种植中，现在世界上很多甘蔗生产国，每年在栽种前会把几千吨甘蔗切段放在装水的大锅里进行处理。

热处理之所以能去除病毒，主要是利用某些病毒受热以后的不稳定性，使病毒钝化，失去活性。这是因为病毒和植物细胞对高温的忍耐性不同，高温可延缓病毒扩散速度和抑制其增殖，使其不能生成或生成很少，以致病毒浓度不断降低，持续一段时间，病毒即自行消失，而植物茎尖不受伤害，从而达到脱毒的目的。

应用热处理消除病毒的一个主要限制在于并非所有病毒都对热处理敏感。热处理只对部分球状病毒（如葡萄扇叶病毒、苹果花叶病毒）或线状病毒（如马铃薯X病毒、马铃薯Y病毒、康乃馨病毒）有效果，而对杆状病毒（如牛蒡斑驳病毒、千日红病毒）不起作用。所以，热处理也不能除去所有的病毒，同时处理效果也不一致。

3. 其他组织培养脱毒方法

1）热处理结合茎尖培养脱毒

将热处理与茎尖分生组织培养结合起来，取稍大的茎尖进行培养，能够大大提高茎尖的成活率和脱毒率。

尽管茎尖分生组织常常不带病毒，但不能把它看作一种普遍现象。研究表明，某些病毒实际上也能侵染正在生长中的茎尖分生区域，如在菊花中，由0.3~0.6mm长茎尖的愈伤组织形成的全部植株都带有病毒。已知能侵染茎尖分生组织的其他病毒有烟草花叶病毒、马铃薯X病毒以及黄瓜花叶病毒。有学者将康乃馨用40℃高温处理6~8周，以后再分离1mm长的茎尖培养，则成功地去除了病毒。因此，热处理和茎尖培养结合，可以更有效地达到脱毒的目的。

热处理可在切取茎尖之前的母株上进行，即在热处理之后的母体植株上切取较大的茎尖（长约0.5mm）进行培养。也可先进行茎尖培养，然后用试管苗进行热处理，也可获得较多的无病毒个体。但是热处理结合茎尖培养脱毒也有不足之处，主要是脱毒时间相对延长。

2）微体嫁接

微体嫁接是组织培养与嫁接方法相结合来获得无病毒苗木的一种新技术，

是将0.1~0.2mm的茎尖作为接穗，嫁接到由试管中培养出来的无菌实生砧木上，继续进行试管培养，愈合成为完整的植株。

对于某些营养繁殖难以生根的植物种类或品种，可以借助试管微体嫁接方法，解决茎尖培养过程中生根难的问题，同时因为采用茎尖分生组织作接穗，获得的便是脱毒植株。

影响微体嫁接成活的因素主要是接穗的大小。试管内嫁接成活的可能性与接穗的大小呈正相关，而无病毒植株的培育与接穗茎尖的大小呈负相关。所以，为了获得无病毒植株，可以采用带有2个叶原基的茎尖分生组织作接穗。微体嫁接技术难度较大，不易掌握，与实际应用还有一定距离。但随着新技术的发展与完善，微体嫁接技术也会有很大发展。

3) 抗病毒药剂脱毒

抗病毒醚是一种对脱氧核糖核酸(DNA)或核糖核酸(RNA)具有广谱作用的人工合成核苷物质。近年来研究表明，茎尖培养和原生质体培养中，在培养基内加抗病毒醚能抑制病毒复制。

国外学者为了研究抗病毒醚对脱除苹果茎沟病毒的效果，用加有抗病毒醚的培养基，对感染苹果茎沟病毒的试管苗进行培养。检测结果表明，加有抗病毒醚的培养基，继代培养80d以上的试管苗，不管抗病毒醚浓度高低都脱除了病毒。且抗病毒醚对苹果退绿叶斑病毒和苹果茎沟病毒，都有抑制增殖的效果。

对于抗病毒药剂的应用效果，因病毒种类不同而有差异。目前用此法也不可能脱除所有病毒，如果使用不当，药害现象比较严重，此种脱毒处理还处于探索阶段。

任务实施

马铃薯茎尖脱毒培养操作方法流程如图3-2所示。

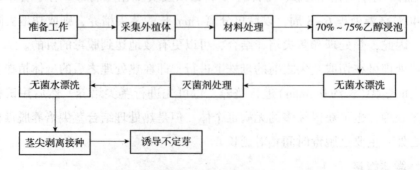

图3-2 马铃薯茎尖脱毒培养操作方法流程

1. 外植体选择与消毒

选择品种优良、植株健壮、无病虫害症状的植株作为取材母本。剪取生长旺盛的顶芽3cm，切去叶片，流水下冲洗干净后拿到无菌室进行消毒处理。先把材料浸入70%乙醇，30s后用10%漂白粉上清液或0.1%升汞消毒10~15min，消毒时可上下摇动，使消毒剂与材料表面充分接触，达到彻底杀菌，最后用无菌水冲洗3~5次，即可剥离茎尖。

2. 茎尖剥离和接种

在无菌工作台上，将灭菌后的芽放在解剖镜(8~40倍)下，先将芽固定好，用解剖刀轻轻地逐层剥除芽体外层嫩叶，直到显现出圆滑生长点时，用解剖针切下0.1~0.3mm带1~2个叶原基的茎尖生长点，快速接种到培养基上。茎叶交界处非常幼嫩，操作时注意不要将茎过早弄断，否则难以剥离；操作时要求动作熟练，迅速不拖拉，以防茎尖失水死亡。

3. 茎尖培养

把接种好的茎尖置于培养室内，培养温度25(±2)℃，光照时间为10h/d，光照强度2000lx。茎尖分化增殖所需时间因外植体大小而异，一般需培养3~4个月，中间要转换3~4次新鲜的培养基，由茎尖长出的新芽，常常能在原来的培养基上生根，也有些植物不能生根，需要经过生根诱导，具体方法是把2~3cm高的无根试管苗转入生根培养基中，1~2个月后即可长出不定根。

考核评价

培养植物脱毒苗考核评价标准

评价内容	评价标准	分值	自我评价	教师评价
外植体选择与消毒	外植体取材正确	20		
	消毒药品选择正确，分类清楚			
	能正确配制消毒药品			
	外植体消毒流程规范			
	消毒时间恰当，外植体损伤小			

(续)

评价内容	评价标准	分值	自我评价	教师评价
茎尖剥离与无菌接种操作	能做好无菌接种操作前的准备工作	25		
	能正确查找及剥离茎尖			
	茎尖剥离操作技术规范、熟练，无交叉污染行为			
	接种记录完整，标记清晰			
茎尖培养观察	将剥离的茎尖放置适合的培养条件下进行培养	25		
	及时观察并记录污染、生长情况			
实训报告	操作过程描述规范、到位	10		
	取得的效果总结真实详细			
	体会及经验归纳到位，分析深刻			
技能提升	会正确培养脱毒苗，苗木成活率高	10		
	会独立查找资料			
素质提升	发现问题、分析问题和解决问题能力	10		
	沟通、协调、组织能力和团队意识			
	善于思考、富于创造性			
	吃苦耐劳与责任心			

知识拓展

茎尖分生组织培养

茎尖分生组织培养主要是指对茎尖长度不超过 0.1mm，甚至只有几十微米的茎尖进行无菌培养，使其发育成完整植株的过程。1922 年，国外学者切取豌豆、玉米、棉花茎尖，接种在含有无机盐、葡萄糖和琼脂的培养基上培养成苗，开始了最早应用茎尖进行组织培养的研究。茎尖分生组织培养方法简便、繁殖迅速，且茎尖遗传性比较稳定，易保持植株的优良性状，因此在基础理论研究和实际应用中具有重要价值。

茎尖分生组织培养通过严格控制和调节适宜的营养、激素、温度、光照等条件，使许多在常规条件下无法生长和繁殖的植物材料顺利扩繁。1960 年，有学者最早开始应用茎尖组织培养繁殖兰花，解决了兰花种子繁殖速度慢且不能稳定地保持原来品种特性的难题，在美国、欧洲及东南亚许多国家和地区用组织培养的方法大量生产兰花，开创了著名的兰花工业。又如菊花中的'绿牡丹'这一罕见的绿色品种，因其难以繁殖，一直被认为是菊花中之珍品，应用茎尖培养后也达成了快速扩繁优良种苗。迄今为止，几乎所有的植物均可通过茎尖培养途径快速繁殖。

1. 材料的准备

茎尖在植物组织培养中应用最早，也是组织培养中应用较多的一个取材部位。由于茎尖形态已基本建立，进行培养生长速度快、繁殖率高，因此在无性繁殖植物的快速繁殖上应用广泛。一般来说，带有叶原基的茎尖易于培养、成苗快、培养时间短，要获得无病毒植株，理论上茎尖越小越好，但过小的茎尖又会影响其培养成活率。例如，0.1mm以下的茎尖生长点，去病毒效果较好，但成活率低，培养时间要延长至1年或更长时间。实际应用时，根据病毒种类不同切取长 0.1~1mm 的茎尖生长点，即可获得无病毒植株。

培养用的茎尖组织，以取自田间或盆栽植物的材料为宜，因其节间长，生长点组织也大，容易分离。番茄可取 10d 左右苗龄植株的茎尖，带 1 个叶原基，长约 0.3mm；薯芋类、球根类植物常常先用沙培或基质培养后采其萌芽；石刁柏、兰花、菊花、草莓等可直接切取茎尖培养。

在植物茎尖培养中，对一些难以消毒的材料也可先将种子消毒灭菌，获得无菌苗，然后用无菌苗获取无菌芽或生长点。

2. 材料的消毒

茎尖材料取自田间植物或盆栽植物，会不同程度地存在微生物侵染现象。生产中，应根据其洁净度，在自来水下，用软毛刷轻轻洗去灰尘等物，然后用中性洗衣粉（液）清洗，注意不能碰伤茎尖。再用自来水流水冲洗 30min，以备消毒。茎尖消毒灭菌前应严格清洗，先用 70% 乙醇浸泡 3~5min，去除乙醇，再用 0.1%~0.2% 升汞加 1~2 滴吐温-20 浸泡 8~10min 后倒出。消毒完毕，用无菌蒸馏水冲洗 3~4 次，准备接种培养。

3. 组织的分离

茎尖组织培养中，茎尖分离的难易程度与植物种类直接相关。马铃薯、百合为半球形，比较大，容易分离；草莓茎尖随着生长先端渐次凹陷，致使生长点难以分离；菊花的叶原基有毛密生缠绕，生长点小，不易剥离。此外，因茎尖培养目的不同所取茎尖大小各异，因此茎尖分离难易也有差异。茎尖越小，脱毒效果越好，但成苗率越低。应用时既要考虑到脱毒效果，又要提高成活率，故一般切取 0.2~0.5mm。但若不进行脱毒，仅利用茎尖进行快速繁殖，茎尖可大一些，甚至可带 2~3 片幼叶，分离也就容易操作多了。

切取茎尖时，多在解剖镜下操作。左手拿解剖针，从茎切口处刺入，右手握紧解剖刀，借助解剖镜将幼叶或叶原基一一切除，使生长点裸露出来，按预定要求大小切取分离生长点附近组织即可。也可将材料置于灭过菌的载玻片或滤纸上，两手持解剖针、小刀、镊子等按上述方法除掉叶原基。分离的生长点组织，切口朝下接种在培养基上，分离时注意勿使茎尖受伤，动作要快。

不同植物茎尖培养时，茎尖分离方法大同小异。例如，薄荷、草石蚕等双子叶植物，先切下一段3~5cm长的芽，去掉一些肉眼可视较大叶片，消毒后，在解剖镜下剥除生长点外围叶片，直至剥出晶莹发亮的光滑圆顶为止。然后用解剖刀在生长点周围作4个彼此成直角的切口，再从切口部分取下生长点圆顶。此时的圆顶不带叶原基，长度在0.2~0.5mm。水稻、小麦等单子叶植物茎尖的分离与双子叶植物基本相同，只是禾本类单子叶植物茎尖外面常有叶鞘包裹，所以取材时连同叶鞘一起取下，再按上述方法剥取茎尖。

4. 培养基的选择

正确选择培养基，可以显著提高茎尖组织培养的成苗率。培养基是否适宜，主要取决于它的营养成分、生长调节物质和物理状态。目前，多采用MS培养基进行茎尖培养，培养基中碳源一般用2%~4%蔗糖或葡萄糖。

茎尖组织培养时，植物激素种类与浓度的配比对茎尖生长及发育具有重要作用。由于双子叶植物中植物激素是在第2对最幼嫩的叶原基中合成的，所以茎尖的圆顶组织生长激素不能自给，必须供给适宜浓度的生长素与细胞分裂素。在生长素中应避免使用易促进愈伤组织化的2,4-D，换用稳定性较好的NAA或IAA。此外，赤霉素(GA_3)在一些植物的茎尖培养中也有一定作用，如大丽花茎尖培养中，加入0.1mg/L GA_3能抑制愈伤组织的形成，有利于更好地生长和分化，需要注意的是不同植物的茎尖对植物激素的反应各不相同，需反复试验并配以综合培养条件才能取得理想的效果。

茎尖组织培养既可使用液体培养基，又可采用固体培养基。有学者用16mm的试管，以1~2r/min的速度进行液体旋转培养发现，其可阻止生长中的材料出现极性、减少从切片组织排出的有害物质、提高通气性、增加呼吸和氧化吸收的作用，因此较固体培养效果好。但固体培养操作便利、培养条件易控制，故茎尖组织培养仍以固体培养基应用最多。

5. 培养条件

1) 温度

茎尖组织培养时，温度控制主要依植物种类、起源和生态类型来决定。茄科、葫芦科、兰科、蔷薇科、禾本科等喜温植物，温度一般控制在 26~28℃；十字花科、百合科、菊科等喜冷凉植物，温度宜控制在 18~22℃。茎尖培养周期中采用恒温培养还是变温培养，则因植物种类而异，如石刁柏茎尖培养，保持恒温 27℃，对幼芽分化和生根有利。通常情况下，大多数离体茎尖培养均置于恒定的培养室温度下进行，仅是设定温度不同。

2) 光照

茎尖组织培养中，光培养的效果通常都比暗培养好。有学者在多花黑麦草中研究发现，光照下（6000lx）培养的茎尖 59%能再生植株，而暗培养的仅有 34%成苗。马铃薯茎尖培养初始阶段最适合光照强度为 100lx，4 周后应增加至 200lx，当幼茎长至 1cm 高时，光强则提升至 4000lx。但也有例外，如天竺葵茎尖培养需要一个完全黑暗的时期，有助于降低多酚类物质对成苗的抑制作用。

3) 湿度

茎尖组织培养与其他器官培养类似，在培养组织周围微环境中（试管、三角瓶）相对湿度常达到 100%，培养瓶以外环境的相对湿度没有直接影响，因此应用时常忽略对培养环境的湿度调控。但实际上，周围环境的相对湿度对培养基水分、细菌生长等有间接影响，可能制约茎尖培养的顺利进行。空气相对湿度过低，培养基容易干涸，则培养基渗透压会改变，从而影响到培养组织、细胞的脱分化、分裂和再分化等；环境湿度过高，各种细菌、霉菌易滋生，其芽孢和孢子侵入培养瓶，造成培养基和培养材料污染。一般周围环境相对湿度以 70%~80%较为适宜。

任务 3-2　鉴定植物脱毒苗

🏠 工作任务

　　任务描述：我国是世界上最大的马铃薯生产国，马铃薯脱毒培养已普遍应用于生产中，但大规模生产前，脱毒处理的马铃薯苗必须通过鉴定，以确保为生产提供无病毒马铃薯苗。

　　植物病毒个体微小、结构简单、对寄主的依赖性强，因此鉴定难度大、技术性强。目前，生产上广泛使用指示植物鉴定法。近年来，抗血清鉴定法、酶联免疫吸附鉴定等方法也得到了大量应用。本任务重点学习掌握指示植物鉴定法，并通过该方法对马铃薯脱毒苗进行鉴定，同时了解抗血清鉴定法、酶联免疫吸附等其他病毒鉴定方法。

　　材料和用具：马铃薯脱毒苗、指示植物千日红、600目金刚砂、0.1mol/L磷酸缓冲液、研钵。

🌐 知识准备

　　通过脱毒技术培养获得的脱毒苗是否真正无毒，必须经过严格的鉴定和检测，确定其无病毒存在，方可进行扩大繁殖，推广到生产上作为脱毒苗应用。脱毒检测的方法有多种，常用方法有指示植物鉴定法、抗血清鉴定法、酶联免疫测定法和电子显微镜鉴定法。

1. 指示植物鉴定法

　　指示植物是指对某些病毒反应敏感、症状特征明显，用于检验植物体内有无病毒存在的植物，也称为鉴别寄主。由于病毒的寄主范围不同，应根据不同的病毒选择适合的指示植物。此外，指示植物一年四季都可栽培，并在较长时期内保持对病毒的敏感性，容易接种，在较广的范围内具有同样的反应。指示植物一般有两种类型，一种是接种后产生系统性症状，病毒可扩展到植物非接种部位，通常没有明显局部病斑；另一种是只产生局部病斑，常表现出坏死、失绿或环斑。常见的指示植物有千日红、野生马铃薯、曼陀罗、辣椒、酸浆、心叶烟、黄花烟、豇豆等。

　　指示植物法是利用病毒在感病的指示植物上产生的枯斑作为鉴别病毒种类的依据，也叫枯斑测定法。最早是美国的病毒学家发现的，其用感染烟草花叶病毒（TMV）的普通烟草的粗汁液和少许金刚砂相混，然后在心叶烟（寄主植物）的叶子上摩擦，2~3d后叶片上出现了局部坏死斑。由于在一定范围内，枯斑数与侵染性病毒的浓度成正比，且这种方法条件简单、操作方便，故一直沿用至今，仍为一种经济而有效的检测方法。

对依靠汁液传播的病毒，可采用汁液涂抹鉴定法，不能依靠汁液传播的病毒，则采用指示植物嫁接法。

2. 抗血清鉴定法

植物病毒是由蛋白质和核酸组成的核蛋白，因而是一种较好的抗原，给动物注射后会产生抗体，这种抗原和抗体所引起的凝集或沉淀反应称为血清反应。又因为抗体是动物在外来抗原的刺激下产生的一种免疫球蛋白，抗体主要存在于血清中，故含有抗体的血清称为抗血清。由于不同病毒产生的抗血清有特异性，因此可以用已知病毒的抗血清来鉴定未知病毒的种类。这种抗血清在病毒的鉴定中成为一种高度专化性的试剂，且其特异性高、检测速度快，一般几小时甚至几分钟就可以完成。血清反应还可以用来鉴定同一病毒的不同株系以及测定病毒浓度的大小。所以，抗血清法成为植物病毒鉴定中最有效的方法之一。

抗血清鉴定法要进行抗原的制备，包括病毒的繁殖、病叶研磨和粗汁液澄清等过程。血清可以分装在小玻璃瓶中，贮存在-25~-15℃的低温冰箱中，有条件的可以冻制成干粉，密封冷冻后长期保存。测定时，把稀释的抗血清与未知的病毒植物在小试管内混合，通过反应形成可见的沉淀，然后根据沉淀反应来鉴定病毒。

3. 酶联免疫测定法

酶联免疫测定法是近年来发展应用于植物病毒检测的新方法，它具有极高的灵敏度、特异性强、安全快速和容易观察结果的优点。

酶联免疫测定法的原理是把抗原与抗体的免疫反应和酶的高效催化作用结合起来，形成一种酶标记的免疫复合物。结合在免疫复合物上的酶在遇到相应酶的底物时催化无色的底物产生水解，生成可溶性的或不溶性的有色产物。如为可溶性的，用肉眼或比色计测定溶液色泽变化来判断结果，其溶液色泽变化的强度与被检测植物体内病毒抗原浓度呈正比。如果为不溶性有色产物，同时又是致密物质，则可用光学显微镜或电子显微镜识别和测定其病毒浓度。

该方法操作简便，不需要特殊仪器设备，结果容易判断，而且可以同时检测大量样品，近年来被广泛地应用于植物病毒的检测上，为植物病毒的鉴定和检测开辟了一条新途径。

4. 电子显微镜鉴定法

现代电子显微镜的分辨能力可达 0.5nm，因此利用电子显微镜观察，比生物学鉴定更直观，而且速度更快。主要方法是直接用病株粗汁液或用经纯化的病毒悬浮液与电子密度高的负染色剂混合，然后点在电镜铜网支持膜上观察；也可将材料制作成超薄切片，然后分别在 1500 倍、2000 倍、3000 倍下观察，能够清楚地看到细胞内的各种细胞器中有无病毒粒子存在，并可得知有关病毒粒体的大小、形状和结构。由于这些特征是相当稳定的，如果取材时期合适，则鉴别准确度较高，故对病毒鉴定是很重要的途径之一。尤其对不表现可见症状的潜伏病毒来说，抗血清鉴定法和电子显微镜鉴定法是少有的可行的鉴定方法。在实践中也往往将几种方法连用，以提高检测的可信度。

由于电子的穿透力很低，样品切片必须很薄，一般为 10~100nm。通常做法是将包埋好的组织块用玻璃刀或金刚刀切成 20nm 的薄片，置于铜载网上，在电子显微镜下观察。能否观察到病毒，还取决于病毒浓度的高低，浓度低则不易观察到。综上，电子显微镜鉴定法是目前较为先进的方法，但需一定的设备和技术。

任务实施

在无菌条件下，从脱毒培养的马铃薯试管苗中取出一部分进行病毒检测，本任务采用指示植物鉴定法进行操作。根据是否依靠汁液传播又分为汁液涂抹鉴定法和指示植物嫁接法两种类型，具体操作步骤如下。

1. 汁液涂抹鉴定法

1）取样

取被鉴定植物 1~3g 幼叶，在研钵中加入少量水及等量磷酸缓冲液（pH 7.0），研碎后用两层纱布过滤。

2）接种

在指示植物上涂一薄层 500~600 目金刚砂，用棉球蘸取汁液在指示植物叶面上轻轻摩擦进行接种，对叶面造成小的伤口，而不破坏表面细胞。

3）培养

5min 后用水将叶片上的汁液轻轻冲洗干净，将指示植物放到防虫网室内培养，培养温度为 20~24℃，植株与其他植物要留有一定距离。

4）观察

1 周或几周后，仔细观察指示植物接种叶片的生长情况，甄别叶片是否出现马铃薯植物病毒症状。

2. 指示植物嫁接法

1）取样

先从待检植物上剪取成熟叶片，去掉叶片外缘，留中间小叶柄 1.0~1.5cm，用锋利的刀片把叶柄削成楔形作为接穗。

2）接种

选取生长健壮的指示植物，剪去中间小叶，把接穗接于指示植物上，用嫁接膜绑扎好，套上塑料袋以保温保湿。每株指示植物至少嫁接 2 片小叶。

3）培养

将指示植物放到防虫网室内培养，培养温度为 20~24℃，植株与其他植物要留有一定距离。

4）观察

15~25d 后，仔细观察指示植物接种叶片的生长情况，甄别叶片是否出现马铃薯植物病毒症状。

考核评价

鉴定植物脱毒苗考核评价标准

评价内容	评价标准	分值	自我评价	教师评价
指示植物鉴定法	熟悉汁液涂抹方法	30		
	熟悉小叶嫁接方法			
抗血清鉴定法	熟悉抗原的制备方法	20		
	熟悉抗血清鉴定方法			
其他鉴定方法	了解酶联免疫测定方法	10		
	了解电子显微镜鉴定方法			
无病毒苗木保存	选择合适的种植地及保护设施	10		
	土壤、环境的消毒处理完全			
	栽后管理完备			

（续）

评价内容	评价标准	分值	自我评价	教师评价
实训报告	操作过程描述规范、准确	10		
	取得的效果总结真实详细			
	体会及经验归纳完备、分析深刻			
技能提升	会采用常用脱毒苗鉴定方法进行鉴定	10		
	会独立查找资料			
素质提升	发现问题、分析问题和解决问题能力	10		
	沟通、协调、组织能力和团队意识			
	善于思考、富于创造性			
	吃苦耐劳与责任心			

知识拓展

脱毒苗的保存

经过复杂的分离培养程序以及严格的病毒检测获得的脱毒苗是十分不易的，所以一旦培育出来，就应很好地隔离保存。脱毒试管苗出瓶移栽后的苗木被称为原原种，一般多在科研单位的隔离网室内保存；原原种繁殖的苗木称作原种，多在县级以上良种繁育基地保存；由原种繁殖的苗木作为脱毒苗提供给生产单位栽培。这些原原种或原种材料，保管得好的可以保存利用 5~10 年，在生产上能经济有效地发挥作用。

脱毒苗本身并不具有额外的抗病性，它们有可能很快又被重新感染。为此，脱毒的原种苗木通常种植在隔离网室中，以使用 32~36μm 的网纱罩棚为好，可以有效防止蚜虫的进入。栽培床的土壤应进行消毒，周围环境也要整洁，及时打药。附近不得种植同种植物以及可互相侵染的寄主植物，保证材料在与病毒严密隔离的条件下栽培。有条件的地方，可以在合适的海岛或高海拔山地繁殖无病毒材料。因为这些地区气候凉爽、虫害少，有利于无病毒材料的生长繁殖。

巩固训练

1. 组织培养在生产脱毒苗木上有何意义？
2. 常用的植物脱毒方法有哪些，各有何优缺点？
3. 为什么茎尖培养可获得无特定病毒植株？如何获得无特定病毒的试

管苗？

4. 如何用指示植物法鉴定脱毒苗？

5. 请阐述马铃薯脱毒和快繁的程序，并思考为什么试管苗在经过热处理和茎尖培养等方法脱毒后，还需要进行病毒的鉴定。

6. 怎样保存和利用脱毒苗？

项目4 组培生产与应用

知识目标

1. 掌握林木种苗组培生产技术。
2. 掌握果树种苗组培生产技术。
3. 掌握观赏植物组培生产技术。
4. 掌握药用植物组培生产技术。

技能目标

1. 会运用组培技术从事林木种苗生产。
2. 会运用组培技术从事果树种苗生产。
3. 会运用组培技术从事观赏植物种苗生产。
4. 会运用组培技术从事药用植物种苗生产。

素养目标

1. 培养学生善于思考、富于创新的能力。
2. 培养学生勤于动手和团结协作的精神。
3. 提高学生理论联系实际分析问题和解决问题的能力。

任务 4-1　生产林木组培苗

🏠 工作任务

任务描述：组织培养技术能在短时间内获得大量整齐一致的植株，对优良品种的推广造林有着极其重要的作用。本任务以桉树、杨树、相思树组培快繁生产为例，培养学生在熟练掌握组织培养基本操作流程的基础上，运用组培技术手段解决林木种苗生产上的实际问题，包括林木组织培养培养基的研制与开发、外植体的选择与灭菌、无菌接种、试管苗炼苗与移栽管理等工作任务，达到良种快速繁殖、复壮的目的。

材料和用具：无菌工作台、光照培养箱、高温高压灭菌锅、酒精灯、培养瓶、解剖镜、剪刀、镊子等。

🌐 知识准备

生产中多采用组织培养方法大规模繁殖桉树、杨树、相思树等优质种苗，直接应用于造林生产实践。林木组织培养要经历 5 个阶段：无菌体系的建立、初代培养、继代增殖培养、生根培养和瓶苗驯化移栽。这 5 个阶段受培养基、操作技术、环境条件及管理措施等诸多因素的影响。要顺利完成林木的组培快繁生产，必须具备以下能力：一是正确选择适宜的外植体；二是正确选择各培养阶段适宜的培养基；三是正确选择遗传稳定性高的植株再生途径；四是熟练掌握各培养阶段所需的培养条件；五是掌握组培苗的驯化移栽管理技术，提高组培苗移栽成活率。

1. 桉树简介

桉树为桃金娘科（Myrtaceae）桉属（*Eucalyptus*）植物，被誉为世界三大速生树种之一，也是我国南方主要的速生丰产造林树种之一，具有材质坚硬、速生丰产等特性，特别是幼林期生长快，适用于营造短周期轮伐的工业用材林，提高造林的经济效益。但因为桉树树种间天然杂交频繁，常产生杂种现象，后代严重分离，用有性繁殖方法很难保持优树的特性，用传统的方法也较难在短时间内大量繁殖出桉树的优良无性系，无法满足生产用苗需要。因此，桉树的组织培养快繁技术在实际生产中具有重要意义。

2. 杨树简介

杨树为杨柳科（Salicaceae）杨属（*Populus*）植物，是我国特有树种，已被广泛作为短期轮作的造林树种。但有些树种，如毛白杨扦插生根困难，扦插繁殖成活率低，若采用嫁接、压条或埋根等手段进行无性繁殖，不仅用材多、费工费时，而且成活率低、繁殖系数低。而植物组培快繁技术可以保持树种原有的优良特性，且成本低、繁殖系数大、成活率高，在造林育苗的生产实践中具有重要的推广应用意义。

杨树组培快繁生产受培养基、培养环境、操作技术以及苗木驯化移栽管理技术等因素的影响。杨树组培快繁生产体系包括无菌培养体系的建立、初代培养、继代增殖培养、生根壮苗培养、试管苗炼苗移植等环节。

3. 相思树简介

相思树（*Acacia confusa* Merr.），别名台湾柳、台湾相思、相思子、洋桂花等。常绿乔木，高6～15m，无毛；枝灰色或褐色，无刺，小枝纤细。苗期第一片真叶为羽状复叶，长大后小叶退化。头状花序球形，单生或2～3个簇生于叶腋，直径约1cm；总花梗纤弱，长8～10mm；花金黄色，有微香；花瓣淡绿色，长约2mm。荚果扁平，干时深褐色，有光泽；种子2～8颗，椭圆形，压扁，长5～7mm。花期3～10月；果期8～12月。分布于台湾、福建、广东、广西、云南，野生或栽培。菲律宾、印度尼西亚、斐济亦有分布。该种生长迅速，耐热、耐旱、耐瘠、耐酸、耐剪、抗风、抗污染，但成树不易移植，为华南地区荒山造林、水土保持和沿海防护林的重要树种。该树具有速生丰产、抗逆性强，有根瘤固氮作用，可改良土壤肥力，适生范围广，木材为优良的纸浆工业原料。材质坚硬，可供制家具及箱板。树皮含单宁量高达40%，花含芳香油，可作调香原料。

相思树常规繁殖方法以种子繁殖为主，由于相思种子具有一定的分化性，其树形、生长量、纤维含量等性状表现差异大，在一定程度上约束了它们的开发利用。因此，利用组织培养技术，建立无性繁殖体系，对发展相思树具有重要的意义。为保证良种的遗传稳定性，相思树一般是通过直接诱导丛生芽方式来达到快速繁殖的目的，主要生产环节包括外植体的选择与消毒、初代培养物的建立、继代增殖培养、生根培养、驯化与移栽等。

◎ 任务实施

植物组培快繁生产的详细流程如图4-1所示，在实际生产中需要根据不同植

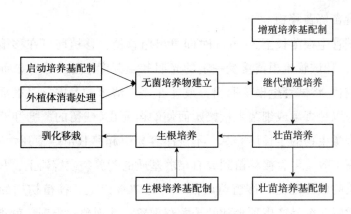

图 4-1　植物组培快繁生产流程

物类型进行适当调整。本任务主要掌握桉树和杨树的组培快繁生产流程。

1. 桉树组培快繁生产

1）建立无菌培养体系

外植体选择和预处理：幼嫩茎段、叶柄、叶片、腋芽、顶芽、种子均可作为外植体。生产上一般用幼嫩茎段作为外植体。将采集回来的桉树茎段，切成长 3~5cm 的小段，用自来水冲洗，也可加少许洗衣粉或洗洁液在自来水下冲洗，时间视外植体的干净程度而定。

外植体消毒与培养：在无菌条件下，一般以 70%~75%乙醇消毒数秒后，再用 0.1%氯化汞消毒 5~10min，然后用无菌水冲洗 3~5 次。将消毒后的茎段作为外植体，接种于初代培养基(MS+6-BA 0.5~1.0mg/L+NAA 0.1~0.5mg/L)上。初代接种可按照一个培养瓶接种 1 个外植体的标准进行，提高无菌材料获得率。材料接种后置于 25(±2)℃的培养室内，光照时间 13h/d，光照强度 2000~3000lx。

2）继代增殖培养

接种后，经 30d 左右培养，每个外植体可形成 1 个或多个芽。在无菌条件下，将这些丛生芽中较大的个体切割成长 0.5~1cm 的苗段，较小的个体分割成单株或丛芽小束，再转接到增殖培养基(MS+6-BA 0.4mg/L+NAA 0.2mg/L+蔗糖 30g/L)上，经 30d 左右培养又可诱导出大量密集的丛生芽。如此反复分割和继代增殖，即可在较短时间内获得数额巨大的丛芽(无根苗)。

3）生根培养

将桉树继代苗分割成长 1~2cm 带顶芽的无根苗后，转接到生根培养基(MS+ABT 6 号生根粉 0.6mg/L+IBA 0.2mg/L+NAA 0.1mg/L+蔗糖 15g/L)上。一般 12d 左右发根，21d 后大部分生根，根长 1~2cm。

4)试管苗炼苗移植

桉树试管生根苗长至3~4cm时即可出瓶移植,移植前可在移植棚内揭开瓶盖2~3d,让试管生根苗接受一定的光照和温湿度锻炼,或移植前在炼苗室炼苗7d左右。将试管生根苗取出,放置在盛有清水的盆中,将根部的培养基彻底洗净,以免真菌或细菌大量繁殖而使幼苗死亡(残留的蔗糖和营养会成为潜在的致病微生物的生长培养基,不洗净容易引起移栽苗烂根死亡)。为降低成本和提高工效,可直接移苗到装有培养基质的营养袋或容器上,只要充分注意培养基质的成分配比,移植苗成活率可达70%以上。移植初期的小苗对空气湿度很敏感,容易产生顶梢和叶子萎蔫现象,此现象一出现,就难以恢复正常生长,并会大大降低移栽成活率。因此,试管苗定植后,要淋透水,并设塑料拱棚保湿(保持空气湿度在85%以上,温度25~30℃);用70%的遮阳网搭荫棚,以避免直射阳光暴晒,并防止膜罩内温度过高。移植后15~20d即可揭膜罩(如冬季或早春移苗可延长罩膜时间)。30d后可把荫棚拆掉,让幼苗逐步适应自然条件,要加强水肥管理和病、虫、草害防治。经2~3个月精细管理,苗高15~20cm时即可用于造林。

2. 杨树组培快繁生产

1)建立无菌培养体系

毛白杨在初代培养时一般采用休眠芽作为外植体,取当年形成的直径5mm左右的枝条,用解剖刀切成长度为1.5~2.0cm的节段,每个节段带1个休眠芽。将节段先用自来水冲洗干净,再用70%乙醇消毒约30s,倒掉乙醇后,立即用无菌水冲洗一次,然后用5%次氯酸钠溶液消毒7~8min,最后用无菌水冲洗3~4次,用无菌滤纸吸去残留水分,在无菌工作台上或无菌室内剥取茎尖,接种到(MS+6-BA 0.5mg/L+水解乳蛋白100mg/L)上,每瓶(或每管)只接种1个茎尖。经5~6 d后,将未污染的茎尖再转接到诱导分化培养基(MS+BA 0.5mg/L+NAA 0.2mg/L+赖氨酸100mg/L+2%果糖)上。培养室温度25~27℃,日光灯连续照光,光照强度为1000lx,经2~3个月培养,部分茎尖即可分化出芽。

2)继代增殖与生根培养

(1)茎切段生芽扩大繁殖法(简称茎切段繁殖法)

将茎尖诱导出的幼芽从基部切下,转接至生根培养基[MS(盐酸硫胺素用量为10mg/L)+0.25mg/L IBA+蔗糖1.5%]上。培养一个半月左右,即可长成带有6~7个叶片的完整小植株。选择其中一株健壮的小苗进行切段繁殖,以建立无性系。切段时顶端带 2~3 片叶，其他各段只带 1 片叶，转接到生根培养基(MS+NAA 0.12mg/L+1.5%蔗糖)上。6~7d 后可见到有根长出，10d 后根长可达 1~1.5cm。待腋芽萌发并伸长至带有 6~7 片叶片时，再次切段繁殖。如此反复循环，即可获得大批的试管苗。此后，每次切段时将顶端留作再次扩大繁殖使用，下部各段生根后则可移栽。

(2) 叶切块生芽扩大繁殖法(简称叶切块繁殖法)

先用茎切段法繁殖一定数量的带有 6~7 个叶片的小植株，截取带有 2~3 个展开叶的茎段后仍接种到上述切段生根培养基上，作为以后获取叶外植体的来源。其余每片叶从基部中脉处切取 1~1.5cm^2 并带有约 0.5cm 长叶柄的叶切块转接到诱导培养基(MS+ZT 0.25mg/L+6-BA 0.25mg/L+IAA 0.25mg/L+3%蔗糖+0.7%琼脂)上。转接时，注意使叶切块背面与培养基接触。经约 10d 培养，即在叶柄切口处有芽出现，之后逐渐增多成簇。每个叶切块可获得 20 多个丛芽。将这些丛芽切下，转接到与茎切段繁殖法相同的生根培养基上，经 10d 培养，根的长度可达 1~1.5cm，此时即可移栽。

3) 炼苗移栽

将生根后的幼苗移至温室，置于自然光照下，经过 15~20d 锻炼，使幼苗健壮并木质化，以便适应外界环境。将试管苗从瓶中取出，用自来水洗净根部培养基，然后将苗栽植在穴盘中。移植时将土埋到根茎相交处，移植苗生长最为正常。基质可以是等量混合的壤土、泥炭、沙子，也可用 MS 培养基配方中的大量元素溶液浸润过的蛭石作为基质。移植时基质必须进行消毒，通常用 0.4%硫酸亚铁溶液处理土壤。湿度是移植中很重要的因子，可以搭小拱棚保湿，初始光照最好与培养室接近，保持温度 16~20℃，相对湿度 80%以上。5d 后去掉塑料薄膜，经过 10~30d 精心管理便可移栽至大田。试管苗移入土中能否成活的因素是复杂的，在春、秋两季移植成活率高，冬夏会略微偏低。

3. 相思树组培快繁生产

1) 外植体选择与处理

优选相思树植株的中上部，采集生长旺盛的当年生半木质化带腋芽的健康枝条，剪去小叶，洗衣粉液浸泡 30min，刷洗后流水冲洗，剪成带 1~2 个腋芽的小段，用 75%乙醇进行表面消毒 20s，用无菌水润洗 3 次，然后用 0.1%升汞浸泡 10~25min，最后用无菌水润洗 5 次。

2) 诱导培养外植体

将灭菌好的外植体剪去两端，插入诱导培养基(MS+BA 0.5mg/L+NAA

0.1mg/L+蔗糖3%+琼脂0.6%)中。

3)丛生芽增殖

将诱导出的丛生芽进行切割,接种在 MS+BA 1.0mg/L+NAA 0.5mg/L+蔗糖3%+琼脂0.6%增殖培养基中,30d后每个芽即可分化出2~3个芽,将这些芽再次进行切割,接种于培养基中增殖培养。培养温度28~30℃,光照强度1500~2500lx,光照时间10h/d。

4)生根培养

从丛生芽中选择高3cm、叶色正常、茎干粗壮的芽苗从基部切下,接种于生根培养基(1/2MS+IBA1.5mg/L+NAA0.5mg/L+蔗糖3%+琼脂0.6%)上,培养温度30~32℃,光照强度2000~2500lx,光照时间10h/d。

经过30d后组培苗就会从基部长出白色的根,40d后根变得粗壮,生根率达90%以上。生根培养基加入一定量有机添加物如香蕉汁、椰子汁等,可以促进小植株的生长,当组培苗叶片生长达3~5cm,有3~4条根时,即可移栽。

5)炼苗移栽

将生根的相思树组培苗带瓶移入温室或炼苗室内,在自然光下炼苗2周,然后洗净根部的培养基,尽量避免损伤苗根。用镊子直接将苗移栽至7cm营养袋中,基质最好用黄心土。刚移栽的植株应遮光50%~70%,保持较高的相对湿度,控制在80%以上,以后可逐渐降低相对湿度,最终保持在70%左右;保持适宜温度在18~28℃,绝对温度低于15℃时,生长速度降低,容易烂根死亡,夏季温度高于35℃以上,会对植株造成伤害;保证通风环境,通风不良时,也会影响植株成活率。综合来说,相思树喜温,在通风和潮湿的环境中,移栽成活率可达90%以上。

考核评价

生产林木组培苗考核评价标准

评价内容	评价标准	分值	自我评价	教师评价
桉树组培生产与应用	外植体选择	30		
	外植体诱导培养			
	组培苗增殖培养			
	组培苗的生根培养			
	组培苗的驯化与移栽			

(续)

评价内容	评价标准	分值	自我评价	教师评价
杨树组培生产与应用	外植体选择	20		
	外植体诱导培养			
	组培苗增殖培养			
	组培苗的生根培养			
	组培苗的驯化与移栽			
相思树组培生产与应用	外植体选择	20		
	外植体诱导培养			
	组培苗增殖培养			
	组培苗的生根培养			
	组培苗的驯化与移栽			
实训报告	操作过程描述规范、准确	10		
	取得的效果总结真实详细			
	体会及经验归纳完备，分析深刻			
技能提升	会进行常见林木种苗的组培生产	10		
	养成查找资料、交流讨论的习惯			
	勤于观察、具备自主分析问题的能力			
素质提升	培养自主学习、分析问题和解决问题的能力	10		
	学会互相沟通、互相赞赏、互相帮助、团队协作			
	善于思考、富于创造性			
	具有强烈的责任感，勇于担当			

知识拓展

桉树组培的关键问题及控制方法

桉树组培作为桉树无性快繁中重要的一环，因培养条件复杂多变，常遇到各种问题，主要有污染、外植体褐化、继代苗玻璃化、继代苗遗传变异。如何解决桉树组培过程中存在的问题已成了桉树优良无性系推广利用的关键。

1. 污染的发生及控制

污染一般分为真菌性污染和细菌性污染，其来源可分成三大类：一是材料带菌，二是接种污染，三是培养过程感染。污染是桉树组织培养过程中的难题，会对组培苗的工厂化生产造成很大损失，如何控制桉树组培的污染问题已成为桉树组培工厂化育苗的关键。

1) 外植体消毒与接种

诱导培养成功与否的关键在于外植体是否消毒彻底以及是否被损伤，这主要取决于以下几个方面。

(1) 外植体的自身生理情况

桉树的初代培养一般以带芽茎段作为外植体来诱导腋芽萌发，选取木质化程度适中、生命力旺盛的枝条，如桉树无性系采穗圃里当年生的健壮枝条，或成年植株的基部萌条作为外植体，诱导容易，成活率可达70%~80%。

(2) 消毒剂的选择及消毒时间的长短

桉树带芽茎段的消毒大多选用0.1%升汞和75%乙醇相结合的消毒方式，茎段的木质化程度不同，乙醇和升汞消毒的时间不一样，一般乙醇消毒的时间为10~60s，升汞消毒的时间为1~10min。对于很嫩的带芽茎段乙醇消毒的时间应低于10s，即茎段在75%乙醇里浸泡5s左右时马上倒入无菌水进行清洗，然后用0.1%升汞消毒40s左右；对于很老的茎段乙醇消毒1~2min，升汞消毒10~15min。此外，采用重复消毒的方法，延长流水冲洗的时间至2~3h或整夜，都可以有效地降低外植体污染率，提高诱导成活率。

(3) 外植体的采集方式

枝条的采集一般在晴天中午进行较好。对于比较难以消毒和诱导的桉树，在采集穗条前进行预处理效果会更好，预处理的方法为：在采集穗条前2d用低浓度的高锰酸钾、托布津或多菌灵溶液喷洒枝条，然后用透气透光的袋子套住与外界隔离。采集外植体时，尽量把茎段的长度减少。

2) 继代增殖培养污染的控制

继代增殖培养过程中的污染会导致组培苗生产成本大大提高，对桉树工厂化育苗造成很大的经济损失，所以控制增殖培养污染尤为重要。增殖苗污染有真菌性污染和细菌性污染，真菌性污染主要是接种室、培养室内空气不清洁、无菌工作台过滤不理想及操作不慎所引起；细菌性污染主要是接种工人的操作和材料的带菌所引起。控制增殖培养污染的措施主要为：接种室和培养室定期用高锰酸钾和甲醛熏蒸，一般为每年熏蒸1次；每次工人进入接种室接种前接种室内用紫外灯照射，如果接种室较长时间没有使用，则紫外灯照射时间至少要30min以上；接种前无菌工作台台面用75%乙醇擦洗，台内用乙醇喷洒，接种工人接触瓶苗进行无菌转接前先用乙醇消毒手，严格按照无菌操作进行；增殖苗移入接种室前，瓶苗表面用乙醇擦洗并在接种室内进行紫外灯照射15min。

2. 外植体褐化

褐化一般分为2种形式：一是由于细胞受胁迫条件或其他不利条件影响造成细胞死亡（称为坏死）而形成的褐化现象，不涉及酚类物质的产生，诸多不利条件（如温度）都可以造成细胞的程序化死亡。二是因为酚类物质所引起的褐化现象，酚类物质在多酚氧化酶作用下可以转变为褐色的醌类物质，产生的醌类物质扩散到培养基中积累起来，使培养基的组织发生褐化。

1）影响褐化的因素

影响外植体褐化的因素很多，主要有以下5种：①桉树树种本身的基因型。桉树种源和无性系不同，则芽诱导和继代苗增殖的褐化程度不一样，如柳桉的茎段比较容易褐化，而杂交桉U6的茎段褐化程度比较轻；邓恩桉25号、13号无性系褐化程度比较轻，而24号无性系褐化比较严重，甚至在多次继代培养后还会出现褐化现象。②外植体的大小。带芽茎段的长度越大，茎段切口的面积与整个茎段的体积比越小，由褐化造成茎段死亡的比率越小，但同时增大了茎段的污染率。③外植体的消毒。消毒剂不同，消毒时间不同，外植体的褐化程度不同，一般消毒时间越长，褐化率越高。④培养基成分差异。诱导培养基中各元素及其含量不同，外植体褐化程度不一样，对一般桉树来说，大量元素和外源激素的浓度增大会造成褐化程度的加重，有些桉树在培养基中加入适量的活性炭能减轻外植体的褐化。⑤培养条件。光照和温度对外植体的褐化有一定的影响，一般来说高温会增加褐化率。

2）减少褐化的方法

褐化在桉树的初代培养中发生较多且褐化率较高，继代和生根培养也会有少量发生，一般不会对桉树组培苗工厂化产生影响。褐化问题的研究主要集中在初代培养，控制褐化的方法主要有以下4种：①枝条的预处理。在采集穗条的前几天，用黑色塑料袋将枝条套住，减少光线的照射，可以有效降低外植体诱导的褐化率。②对外植体进行预处理。低温处理有助于减轻褐化，巨桉带芽茎段在5℃低温下处理几天后褐化率有所降低；外植体在抗氧化剂如抗坏血酸、柠檬酸等或吸收剂如活性炭（AC）、聚乙烯吡咯烷酮（eve）中进行预处理也能有效地减轻褐化。③选择和优化基本培养基。桉树组培一般使用改良MS培养基。在培养基中加入抗氧化剂或吸附剂，在培养基中加入抗坏血酸、EDTA等影响酚氧化酶活性的物质，或加入硫脲、亚硫酸氢钠、二乙基二硫代氨基甲酸钠等影响酚类化合物与酶结合部位的物质，都能有效地减轻褐化的发生。④热击。在植物体中多酚氧化酶活性与多酚含量是平行的，热击可以影响植物多酚氧化酶类活性，进而影响酚类化合物的形成，有助于减少由酚类物质引起的褐化。

3. 继代苗玻璃化

继代苗玻璃化可分为外观形态明显异常和基本无异常2种类型。玻璃化苗绝大多数来自茎尖或茎切段培养物的不定芽，仅极少数来自愈伤组织的再生芽。

1) 玻璃化苗形成的原因

①玻璃化苗是在人工提供的培养基和培养条件下形成的产物。玻璃化的发生是从茎尖、分生组织开始的，比较茎尖、茎段处于离体培养和整体植株处于自然生长环境的差异可以发现，主要差异在于茎尖、茎段培养时切断了与根的联系而丧失了由根承担的离子选择吸收能力和原来由根供应的细胞分裂素和脱落酸，这在一定程度上改变了茎尖、茎段的离子平衡状况和激素平衡状况，从而导致玻璃化现象的产生。②试管培养光照弱、培养容器内相对湿度接近饱和、氧气供应不足等都易造成继代苗的玻璃化。③培养基中的营养元素不协调也是导致玻璃化的重要因素。

2) 克服玻璃化苗形成的措施

试管苗玻璃化后偶尔可在延长期间恢复正常，但通常玻璃化苗恢复正常的比例很低，且玻璃化苗的分化能力低下，生理功能异常，难以增殖生根成苗及移栽成活。控制玻璃化苗形成的措施有：①适当提高光照强度，延长光照时间。把已经玻璃化的桉树继代苗转移到靠近窗口光照强的地方，玻璃化苗可以转化成正常苗。②注意通气以尽可能降低培养容器内的空气相对湿度和改善氧气供应状况，可以有效地降低试管苗的玻璃化。③适当降低培养基中的 NH_4^+ 浓度，提高培养基中的 P^{3+} 和 Ca^{2+} 浓度，桉树继代苗的玻璃化程度可有所缓和。④注意碳源种类和浓度的选择。一般玻璃化苗的总可溶性糖含量较高而蔗糖含量明显较低，玻璃苗的糖代谢异常，因此在桉树组培中一般采用蔗糖，浓度在 2%~4%。⑤适当添加 IAA、GA_3、ABA，减少 BA。一般认为 IAA 对桉树幼茎、叶柄等组织木质化的分化有直接作用，GA_3 对蛋白酶、核酸、淀粉酶的生物合成有促进作用，GA_3、IAA 的急剧下降可能诱发木质素、蛋白质以及核酸等物质的合成失调，而 ABA 的适当含量是维持植物正常生长所必需的。⑥在高温季节，培养室内必须有降温设施，控制温度不超过 32℃。若温度过高，则继代苗的生长过快，玻璃化苗增多。

4. 继代苗遗传变异

桉树的组织培养，均采用离体芽器官诱导的方式培养完整植株，这种途径使后代保持了优树的优良遗传特性，同时不易发生变异，所造的林分林相整齐。

在影响桉树继代苗遗传变异的因素中，培养基是最重要最复杂的因素。其中基本培养基不适合，营养元素不协调和不足均会对细胞有丝分裂产生干扰，导致继代苗生长不正常。植物生长调节剂的浓度和种类对再生植株的变异影响也很大，在高浓度的激素作用下，细胞分裂和生长加快，不正常分裂频率增加，再生植株的变异也增多。有些桉树速生良种经过几年的组培后，由于继代培养中所用的细胞分裂素浓度较高，继代苗逐渐变异，由植物组培快繁和工厂化育苗所生产的苗木逐渐失去了原来生长速度快、林相整齐的特点，变得生长迟缓、林相参差不齐，造成一定的经济损失。因此，调整培养基的成分，特别是大量元素的比例以及生长调节物质的浓度等对继代苗的正常生长至关重要，能有效减少组培苗的异常现象。

任务 4-2　生产果树脱毒苗

🏠 工作任务

任务描述：病毒病是果树重要的病害种类之一，其危害造成的损失仅次于真菌病害。果树种苗常规繁殖以无性繁殖为主，当植物病毒感染果树营养繁殖植株时，病原体从一个营养世代传播到下一个营养世代，对果树的品质和产量造成影响，严重的甚至造成毁灭性危害。通过植物组织培养脱毒技术生产果树脱毒苗可实现防治病毒病的目的，且随着植物脱毒技术的成熟，它已成为解决果树病毒病最有效、最重要的方法。

本任务以香蕉、草莓、葡萄脱毒苗培育为例，在熟练掌握组织培养基本操作流程的基础上，运用组培技术手段解决果树种苗生产上的实际问题，包括果树植物组织培养培养基的研制与开发、外植体的选择与灭菌、无菌接种操作、种苗驯化与移栽管理等工作任务，达到良种快速繁殖、复壮的目的。

材料和用具：无菌工作台、光照培养箱、高温高压灭菌锅、酒精灯、培养瓶、解剖镜、剪刀、镊子等。

🌐 知识准备

1. 香蕉简介

香蕉（*Musa* spp.）属于芭蕉科（Musaceae）芭蕉属（*Musa*），是世界著名的热带亚热带水果，同时也是仅次于水稻、小麦和玉米的第四大粮食作物，因此香蕉生产关乎世界粮食安全、地区发展和人类健康。我国的海南、广东、福建、广西等省份为香蕉主产区，带动了种苗生产、生产资料供应、产品销售、加工运输等一批相关产业的发展，对农民增收及社会稳定起着重要的作用。香蕉种苗繁殖主要采用无性繁殖方法，可分为吸芽苗和组培苗两类培育方式。传统的吸芽苗培育方式易造成严重的香蕉病毒病危害，每年给香蕉的生产带来巨大损失。而组培苗培育方式是通过组织培养脱毒技术培育无病毒种苗，可恢复种源的优良性状，提高种苗繁殖速度。

1）脱毒方法

香蕉的脱毒方法主要包括：热处理脱毒和茎尖培养脱毒两种类型。

(1)热处理脱毒

具体又有两种处理方法：一种是将植株置于38℃下处理20~50d即可消除病毒；另一种是将香蕉的地下球茎经35~43℃湿热空气处理100d，切取新侧芽上长出的茎分生组织进行培养。培养温度27℃，连续光照，待分化出芽后将其转至生根培养基上，60d左右就可诱导出健壮的小苗。

(2)茎尖培养脱毒

取香蕉种苗清洗干净，对表面进行消毒，在体视显微镜下将茎尖外部组织剥离，切取带有1~2个叶原基的分生组织，接种到诱导培养基上，光照时间12h/d，培养温度24~26℃，30d后即可长出1~3个小芽。

2)脱毒苗的鉴定

香蕉病毒的检测对象有香蕉花叶心腐病病原、香蕉束顶病病原、香蕉线条(条斑)病病原等。香蕉病毒的检测方法有酶联免疫吸附法、多聚酶链式反应、反转录多聚酶链式反应、多重反转录多聚酶链式反应和TTC检测法。TTC检测法是将香蕉叶浸渍于1%的2，3，5-氯化三苯基四氮唑(TTC)溶液中，在36℃下保温24h。在显微镜下观察，患束顶病植株的整个叶片切片呈砖红色或红褐色，其中维管束呈紫红色，其他组织为红褐色；患花叶心腐病植株的整个叶片呈黑色；无病毒植株的叶片无色。此方法只有当病株体内病毒繁殖到一定数量时才能有效检测。

2. 草莓简介

草莓(*Fragaria×ananassa* Duch.)是蔷薇科(Rosaceae)草莓属(*Fragaria*)宿根草本，高10~40cm。基生三出复叶，叶质较厚，倒卵形或菱形。花两性，聚伞花序。果实为聚合果，主要由花托膨大肉质化形成，成熟时一般鲜红色。草莓果实含有丰富的糖、氨基酸、矿物元素和维生素等，具有很高的营养价值。草莓在我国栽种范围广，部分地区利用大棚温室等设备，使草莓成熟期提前。新鲜草莓在每年1月就能上市，正好填补冬季水果的空白，逐渐成为时尚年宵水果。但草莓在种植过程中易感染病毒，导致品种退化，严重地影响品质和产量。通过植物组织培养技术，可以快速获得大量草莓脱毒苗，提高幼苗的质量和产量，创造更高的经济效益，满足现代农业生产需求。

1)草莓脱毒

草莓的脱毒方法主要包括：热处理和茎尖培养相结合法、花药培养法。大部分学者认为病毒难以到达花药等繁殖器官，所以花药培养的脱毒率达

100%。但有些学者(侯喜林，1992)发现花药培养的脱毒率虽然很高，但并不能达到100%。由于花药培养形成的脱毒苗生长势强、耐热能力强、生长健壮，目前草莓花药培养法仍是培育草莓脱毒苗的主要方法。

2) 脱毒苗的鉴定

(1) 草莓常见病毒

①草莓斑驳病毒(SMOV) 含有该病毒的草莓早期无显著表现特征。其危害在于与其他病毒复合侵染草莓植株时，可致草莓植株严重矮化，叶片变小，产生褪绿斑，叶片皱缩扭曲。

②草莓轻型黄边病毒(SMYEV) 其主要表现为植株矮化，且在多种病毒复合侵染时草莓植株表现为成熟叶片黄化，叶缘不规则上卷，叶脉下弯或全叶扭曲。其表现形式与其他草莓病害相似，不易诊断。

③草莓皱缩病毒(SCV) 其对草莓危害性最大，病毒强株系侵染草莓后，可致草莓植株矮化，叶片发育不对称，叶片畸形且布满绿色斑点，匍匐茎数量减少，繁殖率下降，果实变小。其单独侵染会导致减产30%~40%，在与其他病毒复合侵染时会导致绝收。

④草莓镶脉病毒(SVBV) 单独侵染时无明显症状，复合侵染后叶脉皱缩，叶片扭曲，同时沿叶脉形成黄白色或紫色病斑，叶柄也有紫色病斑，植株极度矮化，匍匐茎发生量减少，产量和品质下降。

(2) 病毒鉴定

虽然草莓花药培养脱毒效果较好，但也必须经过病毒鉴定，确定其不带病毒，才可以大量繁殖生产。常用于草莓病毒检测的指示植物为 EMC(East Malling clone of *Fragaria vesca*)是在英国 East Malling 试验场从森林草莓(*Fragaria vesca*)选出的敏感性指示植物，其对斑驳病、镶脉病毒、轻型黄边病毒都有很好的指示作用。

草莓病毒和其他多年生作物的病毒一样，对于一年生草本植物汁液接种很困难，不适用汁液涂抹鉴定法，可用嫁接鉴定法。

3. 葡萄简介

葡萄(*Vitis vinifera* L.)是葡萄科(Vitaceae)葡萄属(*Vitis*)木质藤本。卷须2叉分枝。叶卵圆形，显著3~5浅裂或中裂，中裂片顶端急尖，基部深心形，两侧常靠合。圆锥花序，花序梗长2~4cm，花梗长1.5~2.5mm。果实球形或椭圆形，种子呈倒卵椭圆形，种脐在种子背面中部。葡萄果实中含有葡萄糖、果糖、苹果酸、酒石酸、柠檬酸以及丰富矿物质元素、蛋白质、维生素等多种对人体有益的物质，是一种具有较高经济价值的常见果树。但是葡萄也是容易感染病毒的果树之一，其病毒种类多、分布范围广、产生危害大。葡萄植株只要感染了病毒，就会长势弱、产量低、品质差。在葡萄长期的无性繁殖过程中，容易感染并积累多种病毒和类病毒，其中最常见有葡萄卷叶病、葡萄扇叶病。运用组织培养技术生产葡萄无病毒种苗和快速繁殖可以有效阻止葡萄病毒的传播，推动葡萄产业的发展。

1）脱毒技术

葡萄无病毒苗木培育方法主要有茎尖培养脱毒、热处理结合茎尖培养脱毒、茎尖微芽嫁接和抑制剂结合茎尖培养脱毒等几种类型。其中，热处理结合茎尖培养脱毒是最常用的脱毒方法，脱毒率可达80%以上。

2）葡萄病毒鉴定技术

（1）指示植物检测法

指示植物检测法是葡萄病毒检测中最早的检测方法，葡萄常用芽接指示植物来检测病毒。例如，用有葡萄卷叶病毒的芽嫁接指示植物（Ln-33），当年秋天就能出现症状；用有葡萄黄点病毒的芽嫁接指示植物（Ln-33），春天嫁接，第2年秋天亦可出现症状。随着组织培养技术的成熟，为了使葡萄病毒鉴定速度加快，可将田间嫁接鉴定病毒病改为试管内嫁接，缩短至少一年的时间。

（2）抗血清检测法

抗血清学检测法是利用抗原和抗体能产生沉淀反应来鉴定。但是抗血清检测法也有一定限制，有可能会出现假阴性反应等问题。

（3）分子生物学检测法

分子生物学检测方法具有简单、快速、灵敏度高和特异性强等优点，到目前为止，葡萄病毒病主要通过分子生物学方法进行检测。主要包括双链核糖核酸分析（dsRNA）技术、聚合酶链式反应（PCR）和核酸分子杂交技术。其中PCR技术是葡萄病毒病检测方法的历史性突破。其操作方法首先需要根据病毒RNA序列设计引物，然后反转录病毒模板，最后双链DNA片段在耐热的多聚酶作用下被扩增出。高灵敏度的DNA扩增能排除其他化合物的干扰，提高了检测灵敏度，极大地缩短了检测反应时间。

（4）电镜观察法

电子显微镜技术在20世纪40年代得到发展，曾经成为检测病毒病的主要手段。利用该方法可以直接观察病毒，但操作过程较烦琐，对非专业人员来说难度较大，且电子显微镜价格昂贵，实际生产中应用不多。

🌐 任务实施

脱毒苗培育流程如图 4-2 所示，在实际生产中需要根据不同植物类型进行适当调整。本任务主要掌握香蕉、草莓以及葡萄的脱毒苗生产环节。

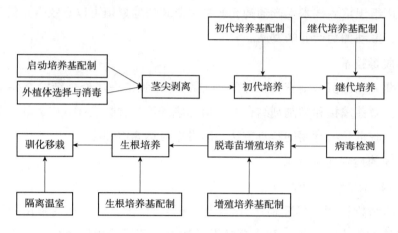

图 4-2　脱毒苗培育流程

1. 香蕉脱毒苗生产

1) 外植体选择与消毒及芽诱导

从田间挖取健康香蕉植株基部的吸芽，用刀削掉吸芽表层污泥及叶鞘，留取约 6cm×8cm 的球茎基部，用 75% 的乙醇浸泡 1min 后，取出放入无菌杯中，并用质量分数 0.1% 升汞溶液浸泡 15min，再用无菌水冲洗 4~5 次，用无菌滤纸吸干表面水分，备用。用手术刀切除吸芽边缘并留取约 4cm×6cm 的球茎基部，再层层剥净吸芽表面叶鞘，暴露每层生长点，直至生长中心，切取中心 2cm×2cm 基部，整块置于诱导培养基上，在 28℃ 条件下进行黑暗培养。配置的诱导培养基每升含有 6-BA 3mg、NAA 0.1mg、蔗糖 30g、琼脂 8g，其余含量同常规 MS 基础培养基，调节 pH 为 5.8，高温灭菌备用。

2) 芽的分化及培养

吸芽块在诱导培养基上生长一个半月后，长出丛生芽后，分切成小块，再置于分化培养基在 28℃ 条件下进行光培养（光强度为 1500lx），至分化产生健康不定芽。不定芽接种于分化培养基上，在 28℃ 光照条件下（光强度为 1500lx），进行继代培养，每隔 25~30d 进行 1 次继代培养，继代培养后得到丛生芽。配置的分化培养基每升含有 6-BA 4.0~6.0mg、NAA 0.1mg、蔗糖 30g、琼脂 8g，其余含量同 MS 培养基，调节 pH 为 5.8。

3) 生根培养

选取高度为3~4cm的不定芽，转接于生根培养基中诱导生根，28℃条件下进行光培养（光强度为2500lx），培养45d后假茎长至约9cm高的香蕉幼苗，即适合移栽。配置的生根培养基每升含有NAA 0.1mg、肌醇50mg、蔗糖40~45g、琼脂8g、AC 1g，其余含量同MS培养基，调节pH为6.0。

4) 炼苗与育苗试验

生根培养45d后选取根系发达的香蕉幼苗，洗净根部培养基，在温室沙床假植20d，挑选健壮均匀的小苗，移栽到杯装营养基质中，基质可选用椰糠、泥炭，在温室温度20~30℃条件下进行光培养（光强度约为2500lx）。移植后喷施清水保持基质湿润，待幼苗恢复10d后，每周薄施1次液体复合肥(N-P-K比例：15-15-15，1/1500)；培养2个月后香蕉幼苗长到高约20cm，有7~8枚叶片即可移栽到田间种植。

2. 草莓脱毒苗生产

1) 取材与消毒

春季草莓现蕾时，收集不同大小的未开放花蕾。将花药置于载玻片上压碎，加数滴醋酸洋红染色，再镜检，观察花粉发育时期，找出处于单核期，特别是单核晚期（单核靠边期）的花粉细胞。测量该时期花蕾尺寸，并按该尺寸选择花蕾(4~6mm)。将花药置于培养皿中，保持培养皿底滤纸湿润，在4℃冰箱保存3~4d（低温处理可以大幅度提高诱导率）。然后将花蕾浸泡在70%乙醇中30s，再用10%漂白粉或0.1%$HgCl_2$浸泡10~15min，用无菌水清洗3~5次。最后在无菌条件下，剥开花蕾，取出花药，去除花丝，接种于培养基。

2) 培养

草莓常用愈伤分化组织诱导培养基为MS+6-BA 1.0m/L+NAA 0.2mg/L+IBA 0.2mg/L或LS+6-BA 2.0m/L+NAA 0.2mg/L。培养温度23~25℃，光照强度1500~2000lx，光照时间10~12h/d。20d后可产生乳白色的愈伤组织。随后愈伤组织转绿，35d后分化出幼叶和幼茎，并有不少突起物，之后陆续分化出新梢。50~60d后有一部分直接分化成小植株。

选取株高超过2cm，生长健壮无坏死叶片的试管苗，将其切下后转入生根培养基(1/2MS+IAA 0.5mg/L或1/2MS+IBA 1.0 mg/L)中进行诱导生根培养。在生根培养基中，蔗糖的浓度对试管苗的生根也有一定影响。实验证明，较低的蔗糖浓度可促使试管苗早生根且生根率有所提高，一般以20~25g/L为宜。生根培养20d左右，就可获得完整的植株，30d后，可长成高4~5cm并有5~

6条根的健壮苗。

对脱毒苗进行鉴定,首先采集待测草莓长成不久的新叶,除去两边的小叶,留下中央的小叶,将小叶1~1.5cm的叶柄削成楔形作接穗备用。在指示植物EMC上选取生长健壮的一个复叶,去除中间的小叶,在叶柄中央用刀切入1~1.5cm,再插入备用接穗。包扎好结合部位,在结合部位可以涂抹少量的凡士林防止干燥。为提高嫁接成活率,嫁接苗可套塑料袋保持湿度,再置于散射光下栽培2周,之后可撤去塑料袋。1~2月后,在新展开的叶、匍匐茎或老叶上观察是否出现病症。

3) 炼苗移栽

将培养瓶盖去除,在温室里遮阳存放3~4d进行炼苗。同时配置好栽培基质(腐殖土:河沙1:1),为了防止黄萎病或线虫等病害,用土前应先进行蒸汽或药品消毒。然后用镊子把草莓苗从培养瓶中取出,洗掉根系附带的培养基。再用竹签在栽培盆中央打一小孔,将试管苗插入其中,压实苗基部周围基质,栽好后轻浇水,以利于基部和基质结合。移栽后一般可以覆膜保湿,以见到塑料膜内表面分布均匀的小水珠为宜。由于短日照可能导致幼苗休眠,为了不使幼苗休眠,一般采取光照16h/d,且保持温度不低于18℃。7~10d后,检查移栽苗生长情况,对于有新叶生长的幼苗可以逐渐撤除塑料薄膜,降低湿度,进入正常幼苗的生长管理阶段。

3. 葡萄脱毒苗生产

1) 外植体选择与消毒

剪取葡萄苗的嫩枝为材料,在实验室用流水冲洗干净备用,用70%的乙醇浸泡15~20s,0.1%升汞浸泡5~10min,再用无菌水冲洗5~6次后,在无菌条件下,选择枝条的中部或基部带1个芽的茎段,切除两端接触消毒液的部分,留下长1~1.5cm带芽茎段备用。

2) 初代培养

将备用茎段按植株的生长极性插入培养基。葡萄茎段初代培养常用的基本培养基有MS、1/2MS、GS等,不同葡萄品种培养基中生长调节剂的浓度配比略有差异,一般为6-BA 0.5~1.0mg/L、NAA 0~0.1mg/L,培养温度为25(±2)℃,光照强度2000 lx,光照时间12h/d。接种10d左右,芽开始膨大伸长,之后逐渐增大,30d左右小叶生长明显。葡萄茎段初代培养所需生长调节剂浓度较低,随着6-BA浓度的增加,外植体的萌芽率和增殖率均有上升的趋势。

3)继代增殖培养

将已经萌发并生长到4cm左右的嫩茎切成带芽茎段,继续接种在MS+IBA 0.5~2.0mg/L继代培养基上,反复进行,即可达到增殖目的。

4)生根培养

待苗长至2~3cm时,将苗切下,除去愈伤组织后转接到生根培养基上,常用培养基为1/2MS+IBA 0.5~1.5mg/L或NAA 0.1~0.3mg/L。培养7d,单株基部开始出现白色的根点,并迅速长成1条或2条主根,30d左右,主根上会长出大量根毛,形成发达根系,生根率可达90%,同时植株长出5~7片新叶。在培养基中加入0.5%AC,有助于试管苗生根。

5)炼苗移栽

当试管苗长至5~6cm,且根系生长旺盛时,将试管苗转入温室内,先不打开瓶塞,进行闭瓶炼苗6d,温度控制在15~25℃,逐渐减少遮阴,在湿度不低于70%的条件下,打开瓶塞,继续锻炼3~5d,使试管苗适应温室环境。从瓶内取出试管苗,冲洗干净根系的培养基,用多菌灵溶液浸泡3~5min,然后栽植到基质中(常用基质配方为河沙、食用菌渣、草炭等按比例混合),控制温度在25℃左右,须注意一定要保持75%~85%湿度,可以覆盖塑料薄膜,成活率可达80%。

考核评价

生产果树脱毒苗考核评价标准

评价内容	评价标准	分值	自我评价	教师评价
香蕉脱毒组织培养快速繁殖生产	外植体的选择与消毒	25		
	芽的分化及培养			
	生根培养			
	炼苗与育苗试验			
草莓脱毒组织培养快速繁殖生产	取材与消毒	25		
	分化培养			
	炼苗移栽			
葡萄脱毒组织培养快速繁殖生产	外植体的选择与消毒	20		
	初代培养			
	继代增殖培养			
	生根培养			
	炼苗移栽			

(续)

评价内容	评价标准	分值	自我评价	教师评价
实训报告	操作过程描述规范、到位	10		
	取得的效果总结真实详细			
	体会及经验归纳到位，分析深刻			
技能提升	会进行常用果树种苗的组培生产	10		
	会独立查找资料			
素质提升	培养自主学习、分析问题和解决问题的能力	10		
	学会互相沟通、互相赞赏、互相帮助、团队协作			
	善于思考、富于创造性			
	具有强烈的责任感，勇于担当			

知识拓展

危害草莓的常见病毒类型

1. 草莓斑驳病毒

草莓斑驳病毒又称为草莓轻型皱缩病毒，1938 年第 1 次在英格兰凤梨草莓上发现该病毒，草莓感染上该病毒后，叶片部分失绿出现斑驳，叶脉序杂乱且透明水渍化，草莓植株整体矮化。病症随季节变化表现略有不同，但均会导致植株长势减弱、产量显著降低。该病毒主要通过蚜虫在草莓间传播；嫁接和机械接种也会进行传染；不通过草莓种子和植株间触碰传染。

2. 草莓皱缩病毒

1932 年首次在美国被报道，草莓感染上该病毒后，植株叶片畸形，花瓣变形，叶脉边缘出现不规则失绿坏死斑块，幼叶皱缩扭曲，果实畸形，产量大幅度降低。该病毒能在昆虫体内繁殖，主要通过蚜虫等传播；机械接种和嫁接也会进行传染；不通过植株相互接碰、种子和花粉传播。

3. 草莓镶脉病毒

英国科学家于1952 年首次发现该病毒，部分品种草莓侵染该病毒后，叶脉发黄，叶片边缘出现不规则黄斑，新生叶片畸形。该病毒可通过蚜虫和嫁接进行传播；病毒不在昆虫体内繁殖，也不通过种子和花粉传播。

任务 4-3　观赏植物组培快繁生产

🏠 工作任务

任务描述：组织培养技术与传统繁殖方式相比，工作不受季节限制，而且通过组织培养进行无性繁殖，具有用材少、速度快等特点，还能保持母株原有的优良品性。观赏植物组织培养快速繁殖技术是现代花卉生产行业的一项实用科学技术，利用组织培养技术大规模生产优质观赏植物种苗已成为必然趋势。

本任务以兰花、红掌、非洲菊、观赏凤梨、红叶石楠、樱花、月季、多肉植物等观赏植物的组培快繁生产为例，在熟练掌握组织培养基本操作流程的基础上，运用组培技术手段解决观赏植物种苗生产上的实际问题，包括观赏植物组织培养培养基的研制与开发、外植体的选择与灭菌技术、无菌接种接作技术、试管苗驯化与移栽等，以达到良种快速繁殖、复壮的目的。

材料和用具：无菌工作台、光照培养箱、高温高压灭菌锅、酒精灯、培养瓶、解剖镜、剪刀、镊子等。

🌐 知识准备

1. 兰花简介

兰花为兰科（Cymbidium）多年生草本植物，有约 450 属 2000 余种植物，其分布遍及全球，主要在热带、亚热带地区。兰花是中国十大名花之一，花香叶三美俱全，以叶秀花香著称，叶片终年常绿、姿态端秀、香气浓而不烈、香而不浊、香气宜人，被誉为花中君子，深受人们喜爱。兰花的种子很小，几乎没有胚乳，在自然条件下萌芽率极低；传统的繁殖方法主要是分株繁殖，繁殖系数较小，速度慢，无法满足市场大量需求，同时长期无性繁殖会感染病毒，导致品种严重退化，影响其观赏价值。20 世纪 60 年代，法国学者最早通过对兰花茎尖分生组织进行离体培养，成功繁殖兰花。到 20 世纪 70 年代已基本建立起兰花组织培养快繁技术体系，很快发展成兰花产业，成为兰花快速繁殖的重要手段，并广泛地应用于 70 个属数百种兰花的繁殖。

2. 红掌简介

红掌（*Anthurium andraeanum*），别名花烛、安祖花、灯台花、火鹤花，是天南星科(Araceae)花烛属(*Arisaema*)多年生常绿草本花卉,原产于南美洲的热带雨林地区,现在世界各地广泛栽培。株高因品种而异,多为50~80cm。叶为长圆心形或椭圆形,鲜绿色。花朵独特,佛焰苞蜡质,宽5~20cm,颜色鲜艳,有红色、粉红色、白色等,常年开花不断,肉穗花序,花姿奇特美艳,具有重要的观赏价值和经济价值,是世界上流行的观赏花卉和切花材料。红掌喜温暖、湿润、忌炎热,怕阳光直射,为气生根,要求通气良好。红掌生长的适宜温度为白天26~32℃,夜间21~32℃,温度高于35℃容易产生日灼,温度低于15℃时,生长会受影响。红掌生长要求相对湿度70%~80%,冬季不低于70%;光照强度以16 000~20 000lx为宜,适宜土壤pH5.5,可溶性盐浓度(EC)以1.2较宜。

红掌可用种子繁殖,但进入开花期时间较长,要经过人工授粉才能获得种子,耗费人力;分株繁殖每年只能生产3~4株新苗,繁殖系数很低,远远不能满足市场的需要。因此,组织培养已成为红掌种苗生产中最有效的繁殖途径,能在较短的时间获得大量的优质种苗。近年来,红掌组织培养的研究报道较多,可以概括为两种途径:一种是丛生芽增殖法,以小芽为外植体,接种于培养基上,诱导产生丛生芽;另一种是器官发生型,以叶片、叶柄、茎段等为外植体,诱导产生愈伤组织,愈伤组织继续增殖或直接产生不定芽,直到形成完整植株。

3. 非洲菊简介

非洲菊(*Gerbera jamesonii*)是菊科(Asteraceae)非洲菊属(*Gerbera*)多年生宿根花卉,又名扶郎花,原产于非洲,现是国内常见花卉。叶基生,莲座状。头状花序,由于其花色丰富,花朵大而艳丽、切花瓶插寿命长,已成为国内外常见插花品种,在我国花卉市场的占有率也越来越高。常规可以用种子和分株两种方式繁殖非洲菊。但分株繁殖受季节影响;而种子繁殖,非洲菊自花不孕,需要辅助人工授粉,且种子繁殖后代变异性较大,这两种方式均难以满足市场需求。要获得优质高产的非洲菊种苗,种苗质量必须具备种性一致、长势旺盛等特点,组织培养快速繁殖非洲菊种苗可满足生产上的要求,提高经济效益。

适合非洲菊良种快繁的外植体主要以花托为主,如以脱毒为目的则以茎尖作为外植体。以花托为外植体,应选取该品种典型特征、饱满充实未开放的花蕾,消毒处理后将花蕾外的萼片等全部去除,然后将花托切成小块接种到初代培养基上诱导形成愈伤组织,再通过愈伤组织诱导形成不定芽。

4. 观赏凤梨简介

观赏凤梨，又称菠萝花，是用于观赏的所有凤梨科（Brormeliaceae）植物泛称。常见的观赏凤梨主要集中在果子蔓属、水塔花属、凤梨属等。其原产于美洲和非洲西部。其株型优美，叶片色彩丰富、叶色光亮，花形奇特、花期长，果实色泽艳丽，是集观叶、观花、观果于一体的优良花卉。我国20世纪80年代从荷兰和比利时引入成品植株，如今观赏凤梨已成为我国主打年宵花。市场上的观赏凤梨大多为杂交改良品种，不宜播种繁殖，而扦插又受数量和时间的影响不利于大规模生产，因此掌握观赏凤梨的组培快繁技术具有重要的实际意义。

观赏凤梨组织培养多以新萌发的蘖芽、吸芽作为外植体，如以脱毒为目的则以芽苗的茎尖作为外植体。通过丛生芽再生植株方式培育幼苗可获得遗传性状稳定的组培苗。

5. 红叶石楠简介

红叶石楠（*Photinia×fraseri*）是蔷薇科（Rosaceae）石楠属（*Photinia*）常绿小乔木，是我国引进的珍贵彩叶园林植物。其新叶鲜红亮丽，耐修剪，萌芽力强，株形紧凑，可常年保持鲜红色，具有很高的观赏价值。红叶石楠生长迅速，适生范围广，喜阳且耐阴、耐盐碱、耐旱且耐瘠薄，我国黄河以南绝大部分地区均可种植。其用途广泛，作绿篱、绿墙、造型树或孤植效果均佳，被誉为"红叶绿篱之王"。我国园林绿化中常绿或半常绿的红叶树种极少，红叶石楠可填补这一空缺，在园林绿化上有广泛的用途。

红叶石楠组织培养以半木质化的嫩茎段作为外植体，通过丛生芽再生植株方式培育幼苗可获得遗传性状稳定的组培苗。

6. 樱花简介

樱花（*Prunus campanulata*）为蔷薇科（Rosaceae）李属（*Prunus*）落叶乔木或灌木。樱花娇媚多姿，轻盈矫妍，花艳夺目，是春天观花树种之一。随着我国经济的发展和人民生活水平的提高，名贵樱花品种走俏市场，苗木供不应求。其传统的繁殖方法以嫁接为主，也可扦插、分株繁殖，但扦插和分株繁殖系数低，苗木生长速度慢，不能满足市场的需求；而且长期营养繁殖易导致病毒、真菌、细菌等在植物体内的积累，影响樱花的生活力和观赏价值。运用组织培养快速繁殖技术能有效解决樱花营养繁殖产生的许多问题。

樱花组织培养以半木质化的嫩茎段作为外植体，通过丛生芽再生植株方式培育幼苗可获得遗传性状稳定的组培苗。

7. 月季简介

月季(*Rosa hybrida*)为蔷薇科蔷薇属植物，每年可多次开花。原产我国，素有"花中皇后"之称，也是世界五大切花之首，是国际市场非常流行的切花种类。月季花色鲜艳多彩，花姿优美，除做切花外，还可以提取香料。月季主要靠扦插繁殖，但有些名贵品种扦插不易生根，繁殖系数低，繁殖速度慢，限制了新品种及引进品种的开发和推广，而利用组织培养可以快速育苗，帮助优良品种的推广。

月季的组织培养以带芽茎段作为外植体效果较好。一年中任何时间均可采集外植体，但以5月和9月为最佳的采集时间。可从扦插、压条法繁殖的优良健壮植株的当年生枝条上取材，以保持品种种性。

8. 姬玉露(多肉)简介

姬玉露(*Haworthia cooperi* var. *truncata*)为百合科(Liliaceae)十二卷属(*Haworthia*)多肉植物，原产南非。叶片肉质，翠绿色或淡紫色，圆润饱满，呈莲座状紧凑排列，顶端透明或半透明，形成美丽的"窗"，顶部有细丝，中下部有深色的线状脉纹，光线较强时，脉纹为棕红色。由于其株型奇特美丽，清新典雅，常用作居家、办公场所的小型盆栽装饰物。

多肉植物组织培养多以叶片或茎尖作为外植体，选择株型好、无病虫害、生长健壮的植株为母本，将叶片从基部小心切下，经消毒处理后接种到愈伤组织诱导培养基上，再经不定芽分化形成芽苗。

任务实施

1. 兰花组培快繁生产

为保持兰花母种的优良性状，可以花梗作为外植体，先诱导形成原球茎，再通过原球茎培育形成芽苗。兰花组培快繁生产流程如图4-3所示。

1) 蝴蝶兰组织培养

蝴蝶兰(*Phalaenopsis aphrodite*)组织培养技术相对较为成熟，许多国家已将这项技术大量应用于蝴蝶兰种苗的工业化生产。蝴蝶兰组织培养快速繁殖主要有两种途径：一是利用种子无菌发芽培养，能在短时间内获得大量实生苗；

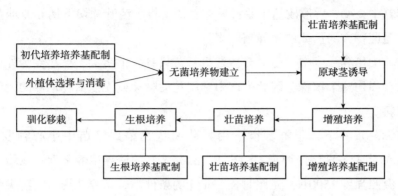

图 4-3 兰花组培快繁生产流程

二是用离体器官（花梗腋芽、花梗顶芽、花梗节间组织、叶片、茎尖和茎段等）诱导原球茎，通过原球茎再进行增殖培养。

(1) 初代培养

①无菌播种　剪取授粉 110~120d 以上未开裂的蝴蝶兰蒴果，由于果荚未开裂，里面是无菌的，只需将果荚表面进行消毒。在自来水下洗净蒴果表面，先用 75%乙醇浸泡 30~60s，无菌水冲洗 2~3 次，再用 0.1%升汞浸泡 12~15min，无菌水冲洗 4~5 次，用无菌滤纸吸干水分。无菌条件下，在超净工作台上用解剖刀切开果皮使种子散出，放入种子萌发培养基中培养。

种子萌发培养基可以 MS 或花宝 1 号为基本培养基，附加蔗糖 10~40g/L、琼脂 5.0~10g/L，必要时也可添加有机附加物如苹果汁、椰乳等，调节 pH 为 5.5。无菌接种后置于培养室中进行人工培养，培养温度 20~25℃，光照强度 1500~3000lx，光照时间 12h/d。播种后 7~14d，胚即吸水膨胀萌发，慢慢长出淡黄色原球茎；30d 后顶端分生组织突出，原球茎逐渐转成绿色；45d 后发芽率达 85%，产生第一片叶；60d 后长出 2~3 片叶。

②花梗腋芽培养　以即将开花的蝴蝶兰为母本，花梗长 15cm 左右时，整枝剪下，用蘸有 75%乙醇的脱脂棉自下而上擦拭花梗，除去花梗上的苞叶，切成长 2~3cm 的带芽茎段，放入无菌杯中。在无菌条件下，用 75%乙醇消毒 30s，无菌水清洗 1 次，然后在 0.1%升汞溶液中浸泡 10~25min，无菌水清洗 5 次，用无菌滤纸吸干外植体表面水分。

用锋利的解剖刀将外植体两端与消毒剂接触的部分切去，芽体朝上接种到 MS+6-BA 3.0~5.0mg/L+NAA 1.0mg/L 培养基上。培养温度为 25(±1)℃，光照强度 1500lx，光照时间 12h/d。接种 7d 左右，腋芽开始膨大伸长，之后逐渐增大变绿，30d 后开始有小叶长出，50d 后长出 4~5 片叶。此时，幼苗进入正常生长阶段，可进行继代增殖培养，一种是切去幼苗基部的花梗，转接至增殖培养基中，40d后形成丛生芽；另外一种是将小苗叶片切下诱导原球茎进行增殖，但此种方法形成的变异苗较多。

③茎尖培养　蝴蝶兰是单节性气生兰，只有一个茎尖，以茎尖为外植体直接取材会损伤整个植株，因此生产中常用花梗腋芽或无菌播种培养的无菌组培苗为材料。

在无菌条件下，于解剖镜下用无菌刀从无菌试管苗中小心剥取0.3~1.0mm的茎尖，直接接种于MS+6-BA 3.0mg/L的诱导培养基上。在培养温度25℃，温照强度1500lx，光照时长12h/d的条件下，培养2周后，茎尖明显膨大呈半球状，颜色变绿；3个月后形成直径6~8mm的原球茎。利用无菌试管苗切取茎尖进行原球茎诱导，不仅省去了茎尖消毒程序，且增殖系数高，成功率也很高。

④叶片培养　叶片培养的优势在于材料来源丰富，且不会影响母本的生长，不受开花限制，是经常采用的外植体类型。

与茎尖培养相同，一般以花梗腋芽培养的小植株或无菌播种培养的组培实生苗为母本，切取其叶片作为外植体进行原球茎诱导，同样可免去消毒过程。将花梗腋芽发育成的植株叶片切下，分割成0.5cm×0.5cm大小的切块直接插入培养基中，切块不宜太小，否则成活率较低；或以苗龄为3~4个月的组培实生苗作材料，将整个叶片切下放入培养基中，效果好于叶片切块，其中第一个叶片形成的原球茎最理想。一般来说，取自幼叶的外植体原球茎诱导率较老叶好，而成年植株取用叶基较好；将叶切块进行培养时，幼叶中间部分原球茎诱导率比顶部和基部好。

原球茎诱导培养基可选用Kyoto改良培养基附加KT 10mg/L、NAA 5mg/L以及10%苹果汁或椰乳，也可用MS培养基或VW培养基，培养中加蔗糖30g/L，琼脂9g/L，pH调整为5.4。在培养温度25℃，光照强度500lx，光照时间16h/d的条件下培养。

培养30d后，在部分叶片切口处可见有少量小颗粒的原球茎出现，呈黄绿色，约为1mm，继续培养，叶片边缘的原球茎颗粒逐渐增大增多。50d后，叶片表面也有原球茎慢慢产生。

(2)继代增殖培养

①丛生芽继代　利用花梗腋芽初代培养50d后，腋芽膨大并长出4~5个叶片，且花梗基部和培养基都已褐变，此时可进行继代增殖培养，一种是将小苗叶片切下诱导原球茎进行增殖培养，另外一种是切去幼苗基部的花梗，将丛生芽转接至附加6-BA 3.0~5.0mg/L的MS增殖培养基中，40d后形成新的丛

生芽。丛生芽继代途径操作简单，成功率较高。

②原球茎继代　无论采用哪种途径诱导获得的原球茎达到一定数量及大小时，都需要及时转入继代增殖过程。将原球茎在无菌条件下切分成适宜大小的小块，接种到新鲜的继代培养基（MS+BA 3.0mg/L+NAA 1.0mg/L 或花宝 1 号 3g/L+BA 2.0mg/L+NAA 0.5mg/L）上扩大繁殖，以建立快速无性繁殖系。BA 浓度对原球茎的生长和增殖有很大影响，BA 浓度较低时，可以明显促进原球茎的分化；反之，可以明显促进原球茎的增殖。添加 10%椰子汁、香蕉汁、苹果汁等有机附加物有利于原球茎生长，使原球茎更饱满、粗壮；0.1%~0.3%AC 可减少褐变，也可促进原球茎增殖和生长。

将原球茎切割分块，转接入新继代培养基中，培养一段时间，待其长出许多原球茎后，再进行切分转接，以此种方式不断继代，原球茎便以几何级数迅速增长，实现扩繁增殖目的。原球茎在培养过程中有群体效应，即密度较大时，增殖速度快，因此培养基中的原球茎不能太少，原球茎切分时也不要太小。当原球茎发展到一定数量后，在继代培养基中延长培养时间便可分化出芽，并逐渐发育成丛生小植株。

（3）生根培养

将丛生小植株从基部切分开，接种到 1/2MS+IBA 1.5mg/L+蔗糖 3%的生根培养基上，20d 后芽基部长出有毛的白色小根，40d 后根变得粗壮，生根率达 95%以上。生根培养基加入一定量有机附加物如香蕉汁、椰子汁等，可以促进小植株的生长，当试管苗叶片生长达 3~5cm，有 3~4 条根时，即可移栽。

（4）炼苗移栽

将生根的试管苗带瓶移入温室或炼苗室内自然光下炼苗 1 周，然后打开瓶盖炼苗 3~5d 后取出，洗净根部的培养基，尽量避免损伤苗根。

按双叶距将试管苗进行分级，可划分为特级苗、一级苗、二级苗和三级苗，分级标准相应为双叶距大于 5cm、3~5cm、2~3cm 和小于 2cm。特级苗直接移栽至 7cm 盆中，一级苗种植于 5cm 小盆中，二级苗种植到 128 孔的穴盘中或育苗盘中。基质最好用疏松的苔藓。刚移栽的植株应遮光 50%~70%，保持较高相对湿度，控制在 80%以上，以后可逐渐降低保持在 70%左右；适宜温度为 18~28℃，绝对温度低于 10℃时，生长速度降低，容易烂根死亡，夏季温度高于 35℃以上，会对植株有伤害；保证通风环境，通风不良时，也会影响植株成活率。蝴蝶兰喜温，在通风、干燥，且温度、湿度及光照管理理想的环境中，成活率可达 85%以上。

2) 大花蕙兰组织培养

大花蕙兰（*Cymbidium hybrid*）为兰属植物，又称虎头兰，原生种产于喜马拉雅地区及印度、缅甸、泰国等地，后经人工杂交选育而成，是兰属中的大花附生种。大花蕙兰花大，花茎直立，花形优美丰满，色彩鲜艳丰富，数量多，每株可开出10朵花，花期长，有较强的观赏价值，是我国重要的年宵花。大花蕙兰是最早利用茎尖进行组织培养，并成功获得再生植株的一种兰科植物。

（1）外植体选择与消毒

大花蕙兰的种子、茎尖、侧芽均可作为外植体。商品化生产中主要以茎尖、侧芽为外植体进行组织培养。取生长健壮、无病虫害的假鳞茎上的新生侧芽，用洗衣粉水洗净表面，在流水下冲洗30min。在无菌条件下，去除侧芽最外部1~2片苞叶，用10%次氯酸钠溶液（加入几滴吐温-20）消毒20min，无菌水漂洗3次，继续剥去外层苞片，用2%次氯酸钠溶液二次消毒5min，无菌水漂洗3次。无菌条件下，借助解剖镜，切下1~2mm大小的茎尖分生组织，迅速接种到初代培养基上。

（2）初代培养

大花蕙兰原球茎诱导培养基可以选择MS、1/2MS、White和VW培养基作为基础培养基，常用MS+6-BA 4.0m/L+NAA 2.0mg/L。在培养温度23~25℃，光照强度2000lx，光照时间12h/d的条件下进行培养。接种2周后，外植体稍有膨大。1个月后，有些外植体周围会形成许多白色小颗粒，继续培养会逐渐转绿，即为原球茎，有些外植体则长出小芽。需注意当NAA浓度一定时，随着6-BA浓度的增加，诱导率逐渐增大，但浓度过大时会抑制原球茎的诱导。

（3）继代增殖培养

将原球茎、芽丛切割后转接到继代增殖培养基（MS+6-BA 0.5~2.0mg/L+NAA 0.2~2.0mg/L 或 1/2MS+BA 2.0~5.0mg/L+NAA 0.5~5.0mg/L+AC 0.5%上，每瓶接种10~20个原球茎小切块。在培养温度25~28℃、光强1500lx、光照时间12h/d的培养条件下培养4~6周后，每个球茎都可再长出5~10个原球茎，同时也会分化出小芽。随着6-BA、NAA浓度的增加，原球茎的增殖速度会提高，一般可达到5~7倍。添加10%香蕉泥有助于原球茎的增殖率提高，且芽苗较健壮。反复切割转接培养，即可建立起大花蕙兰无性繁殖系，但在一种继代培养基上继代多次，原球茎分化芽数降低且变异现象增加。原球茎切割方法对增殖会有一定影响，如果将成丛的原球茎单个分离，原球茎的增殖周期会延长，有些球茎还会死亡；井字形切割效果较好。

(4) 生根培养

将高 2cm 左右的茎芽从其基部切下，转接到生根培养基(1/2MS+IBA 2.0mg/L+肌醇 100mg/L+水解酪蛋白 1000mg/L+黄瓜汁 5%+AC 0.2~0.4%)上，每瓶接 10~15 株。经过 2 周培养，芽苗开始生根，叶片伸长，植株增高，6~8 周后就可长成高 8~10cm、根长 2cm 左右，具 3 片叶以上的大苗，此时即可炼苗、移栽。

光照强度对大花蕙兰组培苗生根影响较大，强光下培养的瓶苗生根率比弱光下高得多。同时强光下的瓶苗壮，移栽后成活率高，而在弱光下培养的瓶苗弱且不分化叶片，移栽后成活率低。

(5) 试管苗移栽

将试管苗带瓶移入温室锻炼 3~5d，打开瓶盖炼苗 3d，小心取出试管苗，用清水冲洗掉根部琼脂，并在 0.2%高锰酸钾溶液浸泡 5~10nin，以免发生霉菌腐烂。当苗吸干水分后栽植在基质中。大花蕙兰试管苗对基质要求不严格，水苔、树皮、椰糠等都可以作为移栽基质。刚定植的植株需要避光 50%，培养温度 20℃左右、空气相对湿度 90%以上且注意通风条件下，一般移栽成活率可达 95%以上。

2. 红掌组培快繁生产

红掌组培快繁生产流程如图 4-4 所示。

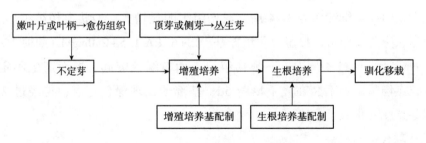

图 4-4 红掌组培快繁生产流程

1) 建立无菌体系

(1) 外植体选取

外植体取材部位、取材时间对红掌愈伤组织的诱导影响很大。新萌发的幼叶展叶 2 周左右时，以其叶片、叶柄为培养材料，愈伤组织的诱导率最高、效果最好，出愈时间也最短。一般选取品种优良、花大色艳、健康无病虫害的植株为母本，采集刚展开的幼嫩叶片、顶芽作为外植体。

(2) 外植体消毒

将叶片、顶芽在自来水中冲洗 5min 左右，将叶片表面的灰尘、杂物用软毛刷洗净，然后在流水下冲洗 5min，备用。在无菌条件下，根据培养材料的老嫩程度，用 75%乙醇处理 30~60s，倒掉乙醇用无菌水漂洗 2 次，再用 0.1%升汞溶液中浸泡 8~10min，浸泡过程中要不断摇动无菌杯，倒掉升汞溶液，用无菌水漂洗 5~6 次，每次 3min。将材料放到无菌滤纸上，用灭菌的解剖刀将叶片切成 1.5cm^2 的小块，将顶芽的茎尖(带 2~3 个叶原基)切下，以备接种。

(3) 无菌接种与培养

在无菌条件下，将幼叶切块以叶背向下接种于愈伤组织诱导培养基(1/2MS+6-BA 1.0~1.2mg/L+2,4-D 0.1~0.2mg/L+蔗糖 3%+琼脂 0.6%)中；芽生长点接种于芽增殖培养基(MS+6-BA 1.0~1.5mg/L+NAA 0.5~1.0mg/L+蔗糖 3%+琼脂 0.6%)中。红掌对激素比较敏感，在叶片愈伤组织诱导中发挥着关键作用，如果 6-BA 浓度较低，愈伤组织诱导率低，反之 6-BA 浓度较高，则易形成质地坚硬的愈伤组织，不利于芽的分化。适量的 2,4-D 可有效提高愈伤组织诱导率。

愈伤组织诱导培养在温度 23~25℃，光照强度 1000~1500lx，光照时间 8~12h 条件下进行；芽增殖诱导培养需要先进行 10d 左右的暗培养，然后转入光下培养，其他培养条件同愈伤组织诱导培养。

(4) 生长及分化

红掌愈伤组织的形成比较缓慢，接种一个月后，叶片切口处才会出现少量黄色愈伤组织，继续培养 3~4 周，愈伤组织明显增大，泡状愈伤组织形成黄绿色瘤状突起，即可转接至分化培养基(MS+6-BA 1.5~2.0mg/L+蔗糖 3%+琼脂 0.6%)上。经过 4 周左右，愈伤组织表面有绿色突起，进而产生不定芽；芽生长点经暗培养后，在光下培养 5d，基部便出现绿色芽点；再经过 2 周，许多芽点就分化成了小芽。

2) 继代增殖培养

将产生不定芽的愈伤组织或芽生长点分化形成的小芽切下，转接至增殖培养基(与分化培养基相同)，不定芽继续发育为丛生芽，逐渐形成幼苗；也可反复切割、反复培养进行多代培养扩繁。

红掌组织培养中，可采用浅层液体静置培养基，试管苗增殖率远远高于固体培养基，能有效缩短生长周期、降低成本。因此，红掌继代增殖培养阶段可改为液体培养。

3) 生根培养

当不定芽长到 2.5~3.0cm，具有 3~4 片叶时，可将其切分成单株转接到生根培养基(1/2MS+NAA 0.2mg/L+IBA 2mg/L)上，7~10d 在幼苗基部产生白色突起，慢慢形成气生根，30d后根长可达1cm。

4）炼苗及移栽管理

当试管苗长出3~4条根时，即可出瓶移栽。先将培养瓶移至温室或大棚内，经过2d的光照适应性锻炼，再打开瓶盖炼苗3~5d，然后小心取出试管苗，用清水将试管苗根部的培养基清洗干净。移栽至用0.5g/L高锰酸钾灭菌后的基质中，基质可以是泥炭：珍珠岩：椰糠=3：1：1或珍珠岩：蛭石：草炭土=1：1：2的复合基质中。移栽后立即浇透水，勿使强光直射，罩上透明塑料薄膜以保持空气湿度，初期应勤喷水，空气相对湿度保持在80%以上，温度保持在20~25℃。10d后打开薄膜，逐渐降低湿度并增强光照，30d后成活率可达90%以上。

3. 非洲菊组培快繁生产

非洲菊组培快繁流程同红掌（图4-4）。

1）外植体选择与消毒

采用叶柄、叶片、花托与花萼等作为外植体对非洲菊进行离体培养均有成功报道。但采用花托作为外植体的报道较多。现多以花托作为外植体进行组织培养。

选取植株生长健壮、无病虫害、直径0.7~1.0cm的花蕾，将花蕾在自来水下冲洗干净，放入70%乙醇浸泡20~30s，用无菌水冲洗2~3次，再用0.1%升汞浸泡10~15min，无菌水漂洗3~4次。浸泡灭菌期间，要不断摇动烧杯，使灭菌剂与外植体充分接触（如果消毒效果不好，还可以加入适量0.5%吐温-20）。

2）初代培养

在无菌条件下，用无菌滤纸吸干水分，再将花蕾外的萼片等全部去除，然后将花托切割成0.2~0.5cm^{2}的小块，迅速接种到初代培养基上。常用初代培养基：MS+6-BA 2.0~5.0mg/L+NAA 0.2~0.5mg/L。在培养温度23~25℃，光照强度2000~3000lx，光照时间12~14h/d的条件下进行培养。杨尧等研究发现，当BA浓度低于8mg/L时BA的浓度增加而出愈时间变短，而浓度在8~10mg/L时出愈时间延长；NAA浓度在0.2~0.5mg/L的诱导出愈时间较短，但当NAA达到1.0mg/L时，则有抑制脱分化产生愈伤组织的作用。培养8~15d，切面开始膨大，外植体表面产生淡黄绿色愈伤组织，继续培养，愈伤组织颜色逐渐变成深绿色。每4周转接一次。将愈伤组织切成小块接种到诱导培养基（MS+6-BA 1.0~5.0mg/L+NAA 0.2~0.5mg/L）上诱导不定芽，不同品种产生不定芽的时间有差异，部分品种的愈伤组织直接在初代培养基中就可以产生不定芽。

3) 继代增殖培养

将带叶的不定芽切下，接种到增殖培养基(MS+6-BA 1.0~2.0mg/L+NAA 0.1~0.2mg/L)上。曾长立等人研究发现，不定芽在 MS+6-BA 1.5mg/L+NAA 0.12mg/L 的培养基上可达到较好增殖效果；杨尧等研究发现，MS+6-BA 1.0mg/L+NAA 0.1mg/L 是较适宜的增殖培养基；梁俊秋等人研究发现，MS+6-BA 2.0mg/L+NAA 0.2mg/L 的培养基配方较适合非洲菊增殖培养，可见不同品种的非洲菊增殖培养基略有不同。但是研究都发现随着 6-BA 浓度的增加，不定芽的增殖数量变多，同时玻璃化现象和畸形苗的数量也在增多。在培养温度 23~25℃，光照强度 1500~2000lx，光照时间 14h/d 的条件下进行培养，大约 2 周后，每个不定芽可形成带有 4~8 个芽的丛生芽。

4) 壮苗生根培养

不定芽经过不断继代增殖，达到生产数量后，将生长健壮的丛生苗切割成 2~3cm 单株苗接种于生根培养基(1/2MS+NAA 0.1mg/L 或 1/2MS+IBA 0.5~1.0mg/L)中其中蔗糖浓度降低为 20g/L。经过 1 周的培养，单株苗在基部会产生 3~5 不定根；部分品种培养 2 周后，苗高可达 3~5cm，根长可达 0.5~1.0cm，即满足试管苗出瓶的要求。

在生根培养时，适当的调整培养温度，调节光照时间和在培养基中增加 AC，对生根壮苗有良好的促进作用。

5) 炼苗移栽

将试管苗带瓶移入温室锻炼 3~5d，再打开瓶盖通风炼苗 2~3d。用镊子取出试管苗，注意轻拿轻放，尽量减少对试管苗的损伤。再用清水洗净根部的培养基，移栽到珍珠岩、蛭石、草炭等材料的混合基质中，保持基质疏松透气。移栽后注意喷淋保湿或盖膜保湿，湿度在 85%~90%，1 周后可撤除遮阳网，同时注意防治病虫害。待小苗成活有新芽萌发时，即可转入常规管理。

4. 观赏凤梨组培快繁生产

观赏凤梨组培快繁生产流程同红掌(图 4-4)。

1) 外植体选择与消毒

观赏凤梨的顶芽、侧芽、蘖芽、吸芽、茎段、茎尖、短缩茎等都可以作为外植体，现多采用侧芽为外植体进行组织培养。

在生长健壮、无病虫害的凤梨上剪取侧芽。剥去侧芽外层叶片，在自来水下冲洗干净,放入0.1%升汞浸泡8~10min,浸泡过程中不断摇动烧杯,使灭菌剂与外植体充分接触,无菌水漂洗3~4次。在无菌条件下,对侧芽进行分段切割,切成0.5cm的小块。然后将外植体放入800mg/L的NA_2SO_3溶液中浸泡,可以有效防止褐化。

彭筱娜等研究发现75%乙醇处理外植体会明显加剧褐化程度,而用0.1%升汞消毒外植体褐化程度较轻,但由于观赏凤梨品种较多,消毒时间和试剂不完全相同。

2)初代培养

将外植体接种到培养基(MS+6-BA 2.0~4.0m/L+NAA 0.1~0.2mg/L+IAA 0.1mg/L)中,注意接种时茎段要保持正确的生理方向。在培养温度25~28℃,光照强度1500~2500lx,光照时间13~16h/d的条件下进行培养。经过20~25d的培养,不定芽开始萌发。郑淑萍等研究发现也可直接用MS基础培养基来诱导星花凤梨的短缩茎产生不定芽。

由于观赏凤梨组织培养过程中褐化现象较常见,可采取在初代培养基中加入200mg/L抗坏血酸,或在接种初期暗培养7d等方式来减轻褐化程度。

3)继代增殖培养

当不定芽长到1~2cm时,从茎段切下,转接到增殖培养基中(MS+6-BA 2.0~3.0m/L+NAA 0.5mg/L),培养1个月左右,即可增殖6~8倍。当6-BA浓度过高,NAA浓度过低时,会产生过于细密的丛芽,芽虽多但苗细弱;当6-BA浓度过低,NAA浓度过高时,会影响芽增殖的速率,达不到快速繁殖的效果。在增殖过程,需要根据不同品种的特性,注意6-BA和NAA的浓度配比,以达到最佳增殖效果。

4)生根培养

当丛生芽培养到高3~4cm,具3~4片叶时,即可切割分开转移到生根培养基(MS或1/2MS+NAA 0.1~0.2mg/L+IBA 0~0.5mg/L+20g/L蔗糖)中,20~30d即可长出根系,适当地在培养基中加入AC有助于生根。林思诚等人研究发现,在适宜条件下,大莺歌凤梨小苗的生根率达100%,平均根数3.5条/株。

5)炼苗移栽

当生根苗具有4~5片叶,3条及以上根,叶色深绿,根系粗壮时,即可将培养瓶移入温室,在散射光下炼苗2~3d。再打开瓶盖,继续炼苗2d。小心取出试管苗,用流水冲洗掉根部培养基,并在0.1%多菌灵溶液浸泡10~20min,以免发生霉菌腐烂。晾干苗后栽植在基质中。凤梨试管苗对基质要求不严格,水苔、椰糠、泥炭土、珍珠岩等均可作为栽培基质。有关研究发现按椰糠：河沙=1∶1的比例混合基质较好。移栽后覆膜保湿20~30d，定期通风，散光照射，待试管苗存活后，出盆定植。

5. 红叶石楠组培快繁生产

红叶石楠组培快繁生产流程如图4-5所示。

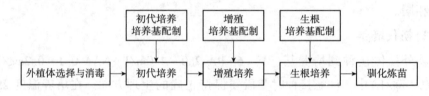

图4-5 红叶石楠组培快繁生产流程

1) 外植体的选择与消毒

切下红叶石楠枝条上部幼嫩的部分，用洗洁精漂洗数遍，再用自来水反复冲洗20min。将材料修剪成带1~2个腋芽的茎段，放入洁净的烧杯中，带入接种室的无菌工作台，先将材料转移至无菌空瓶中，每瓶7~10个茎段，加入75%乙醇浸没，轻晃30s，接着用无菌水漂洗2~3次。再用0.1%升汞溶液浸没，轻晃6~8min，用无菌水漂洗5次，无菌滤纸吸干表面水分。将消毒后的红叶石楠外植体切段，并将两端略剪掉一些，剪成1cm左右单芽茎段，接种到启动培养基上。

2) 启动培养

红叶石楠启动培养基为MS+6-BA 1.0mg/L+NAA 0.1mg/L，并附加蔗糖3%、琼脂0.7%，调节pH为5.8。在培养温度25(±1)℃，光照强度2000lx，光照时长12~14h/d的条件下进行培养条件。2周后红叶石楠茎段分化出丛生芽。

3) 继代增殖培养

将丛生芽或茎段切割，接种到增殖培养基上，25d即可形成新的丛生芽，繁殖系数可达10以上。反复切割增殖，即可获得大量的丛生芽。当6-BA浓度为3mg/L时，培养基中不添加NAA，可获得最大的增殖系数，但此时由于增殖苗过多，苗生长细弱、不良。在培养基内添加0.1mg/L NAA后增殖系数减小，但增殖苗健壮，叶大而绿，生长状况最佳。因此，适宜的增殖培养基为MS+6-BA 3.0mg/L+NAA 0.1mg/L。

4) 生根培养

当试管苗长到5cm左右时，切割成含3~4个小芽的小段，接种到生根培养基(1/2MS+NAA 1.0mg/L+蔗糖1.5%)上诱导生根。7d后开始生根,15d后可长出3~5条1~1.5cm长的红色或乳白色的根,生根率达100%。

5)炼苗与移栽

将根系发达、苗高2~3cm的小植株移入温室,在有明亮散射光的地方炼苗3~5d,打开瓶盖继续炼苗2d后即可移栽。

幼苗移栽过程要小心仔细,可在容器中加适量水后,用玻璃棒轻轻搅动后倒出,切不可用镊子直接夹取。取出的幼苗用水将根部的琼脂等冲洗干净,移栽至基质。试管苗栽培基质应以疏松、透气和具有一定保水性为佳。蛭石∶珍珠岩∶泥炭=6∶3∶1的混合基质培养效果良好,红叶石楠组培苗的成活率可达95%以上。

组培苗是在无菌条件下繁殖培育的,在移栽过程中对外界环境需要有一个渐进的适应过程,因此需要对过渡苗床进行较为严格的消毒处理,尤其是基质重复使用时,一定要进行细致消毒。可先用800~1000倍敌克松溶液浇透整床基质,再用0.15%高锰酸钾溶液喷洒基质及四周,24h后即可移栽小苗;也可用800倍福尔马林溶液喷洒基质,用塑料薄膜密封24h以上,再通风12h即可使用,以上两种方法均能取得较好的效果。

移栽后需要保持环境清洁,尽量减少污染。幼苗浇灌时应尽可能选择清洁的水源,并喷施800~1000倍甲基托布津或百菌清,也可用500倍多菌灵药液,每隔1周左右喷施一次,连续喷施3~4次,前后两次交替使用不同杀菌剂效果更好。湿度也是保证组培苗移栽成功的关键因素之一。移栽后立即浇透定根水,之后2~3d淋水一次,以保证基质湿度。此外,还要注意空气湿度的控制。移栽初期3~5d空气湿度需保持在95%以上,之后2~3周需半封闭保持相对湿度80%。移栽后应加强遮光及控温,一般移栽初期应遮光70%,1周后用50%遮光,2~3周即可除去遮阳网。

待红叶石楠组培苗经过一段时间生长,长出新叶后(一般40d左右),即可移入大田,移入大田后可与其他繁殖方法生产的种苗一样管理。

6. 樱花组培快繁生产

樱花组培快繁生产流程同红叶石楠(图4-5)。

1)外植体取材与灭菌

4月至5月上旬,剪取樱花新生嫩枝,剪去嫩叶后清洗,叶柄留得稍长些,在自来水下冲洗干净,并用洗衣粉水清洗一遍。用75%乙醇浸洗10~15s,再用0.1%升汞溶液灭菌4~8min,最后用无菌水冲洗4~6次。切去切口与灭菌液的接触部分，剪成带有一个腋芽的小段接种于初代培养基上。

2) 初代培养

初代培养基为 MS+6-BA 1.0mg/L+NAA 0.2mg/L，并附加蔗糖3%、琼脂0.6%，调节 pH 为 5.7。接种 3d 后，叶柄开始脱落，5d 后腋芽开始萌动，1 周后，腋芽继续发育为 2 片细小嫩叶，10d 后叶片大部分展开，20d 后可长出两层叶片。

3) 继代培养

在初代培养基上继代一次后，转接于 MS+BA 0.5mg/L+KT 0.5mg/L+糖 2.5%+水解乳蛋白(LH) 100mg/L+谷氨酸 60mg/L+酪氨酸 60mg/L+$AgNO_3$ 5.0mg/L，调节 pH 为 5.7，进行过渡培养，然后转接于附加 6-BA 0.5~3.0mg/L+NAA 0.05~0.3mg/L 的培养基上，诱导丛生芽，效果较好。

4) 生根培养

将高度超过 1.5cm 的试管苗切下，接种于大量、微量元素减半的改良 MS 培养基上，附加 NAA1.5mg/L、IBA 0.2mg/L、糖 2%、0.1%AC，6~8d 后开始生根，露出白色的根尖，随后根逐渐增加，生根率达 100%。

5) 炼苗和移栽

试管苗生根后，再经 20d 培养，将生根的植株移入温室，闭瓶炼苗 4~5d 后，开瓶炼苗 1~2d，然后洗去根部的培养基，在 800 倍的多菌灵溶液中浸泡 4min，移栽于珍珠岩：腐殖质土：砂土=1：2：2 的混合基质中。浇透水，覆盖薄膜保湿，并适当遮阴，注意每天通风透气，7d 后逐渐揭去薄膜，半月后，有新根(叶)长出，待苗木高度有明显增长，根系发达时，可移入土中，正常生长。

7. 月季组培快繁生产

月季组培快繁生产流程同红叶石楠(图 4-5)。

1) 外植体处理

选择健壮无病的带芽茎段剪下，去除叶片，用自来水冲洗干净，洗衣粉或洗衣液水浸泡 30min，再用流水冲洗 4~6h。

在无菌工作台上 75%乙醇消毒 30s，用无菌水冲洗一遍，再用 0.1%升汞溶液灭菌 8~12min，不断摇动无菌杯，让灭菌剂与材料表面充分接触，最后用无菌水冲洗 4~5 次。也可以在灭菌剂中滴加数滴 0.1%吐温-20，灭菌效果会更好。

剪成长 1~2cm 带腋芽的茎段接种到诱导培养基中。培养温度 22~28℃，光照强度为 1000~2000lx，每日光照 12~14h。

2) 初代、继代培养

将灭菌好的带腋芽茎段接于 MS+6-BA 2.0mg/L+NAA 0.3mg/L 培养基上，2~3 周后腋芽可长至 1cm 左右。在初代培养的基础上，获得的芽、苗数量有限，需经继代培养以获得大量的无菌苗。微型月季继代增殖倍数和增殖率主要与培养基的激素种类、浓度、配比，以及培养基的含糖量、pH 高低有关。继代增殖培养基为 MS+6-BA 1.0~1.5mg/L+IAA 0.1~0.3mg/L 或 MS+6-BA 1.0~1.5mg/L+NAA 0.01~0.1mg/L+蔗糖 4%，调节 pH 为 5.8~6.0。5~6 周可继代增殖一次，形成许多丛生芽。继代次数的多少对微型月季的增殖系数有一定的影响，一般随着继代次数的增加，增殖系数先增加后降低，而继代多次后组培苗的变异率也增加。月季组织培养继代 4~5 次后，应将试管苗转向壮苗和生根培养。

3) 壮苗生根培养

增殖率较高的品种，增殖的幼苗嫩茎纤细，应先进行壮苗培养，培养基为 MS+6-BA 0.3~0.5mg/L+NAA 0.01~0.1mg/L 或 MS+6-BA 0.3~0.5mg/L+IBA 0.3mg/L；MS+6-BA 0.1~0.2mg/L+NAA 0.1mg/L 用于各品种月季的壮苗培养，效果都理想。生根培养时，将剪成 2cm 长的茎段接于 1/2MS+NAA 0.5mg/L+蔗糖 2%+AC 0.2% 的培养基上，3 周后，生有数条白根时，可出瓶移栽。

4) 炼苗和移栽

当试管苗生有 3~4 条 1cm 左右长的新根时，即可进行移栽。所有试管苗移栽前都要移至温室进行炼苗。7~10d 后开瓶炼苗 1~2d。移栽前应先洗去根部培养基，移栽至珍珠岩基质中，基质应预先用 0.2% 高锰酸钾或其他灭菌剂消毒灭菌，移栽后及时浇水。移栽过程要防止伤根。移栽后，要将环境湿度保持在 80%~90%，环境温度控制在 18~24℃，前期需要适当遮光，后期要多见阳光。每间隔 10d 喷洒低浓度的百菌灵液消毒防病。经 1~2 个月的管理，即可上盆或定植于富含腐殖质的砂质壤土中。

微型月季株小根浅，比较适合微潮偏干的土壤环境，因此管理过程中可适当少浇水，勤喷水。

8. 姬玉露（多肉）组培快繁生产

姬玉露组培快繁生产流程如图 4-6 所示。

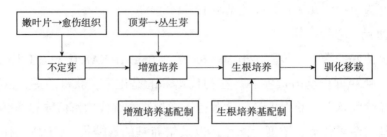

图 4-6 姬玉露组培快繁生产流程

1）建立无菌材料

（1）外植体表面灭菌

选择株型好、无病虫害、生长健壮的姬玉露植株为母本，将姬玉露叶片从基部小心切下，用饱和洗衣粉水清洗干净，在自来水下流水冲洗 30min。在无菌工作台中，用 75% 乙醇浸泡 30s，无菌水冲洗 2~3 次，每次 3min，再用 0.1% 升汞溶液浸泡消毒 9min，用无菌水冲洗 5 次，每次 3min，滤干水分。放在有无菌纸的培养皿中，将叶片上的新伤口切去，立刻接种于启动培养基中培养。

（2）诱导愈伤组织

初代培养 15d 后，叶片基部开始膨大，出现不规则黄绿色疏松的突起，无组织结构，生长速度迅速，30d 左右形成大块愈伤组织。

（3）丛生芽增殖培养

愈伤组织继续培养 10~15d，其表面先后萌发出大小不一的绿色芽点，再分化出嫩芽，继而发育为丛生小苗，将丛生苗切成高 1.5~2.0cm 的单株小苗，基部可带上一部分愈伤组织，接种于增殖培养上，30d 左右叶片逐渐肉质状，变大。

2）培养基及培养条件

（1）配置培养基

启动培养基：MS+6-BA 1mg/L+KT 1mg/L+NAA 0.1mg/L+琼脂 7g/L+蔗糖 30g/L，调节 pH 为 5.6~5.8；

增殖培养基：MS+6-BA 0.8mg/L+NAA 0.1mg/L，调节 pH 为 5.6~5.8；

生根培养基：1/2MS+IBA 0.03mg/L+AC 2g/L+马铃薯泥 20g/L，调节 pH 为 5.6~5.8。

（2）培养条件

在培养温度 20(±2)℃，湿度 50%~60%，光照强度 2000lx，光照时间 12h/d 的条件下进行培养。生根培养、驯化移栽阶段需加强光照强度为 3000lx。

3）完整植株诱导

将具有 4~5 个叶片、高度 3cm 以上的健壮苗转接至生根培养基中诱导生根，15d 后芽苗基部逐步出现肉质根突起，叶片渐渐伸长。连续培养 50d 后形成 3~5 条白色、粗壮的幼根，根长 1.5~2cm，形成叶片肥厚，生长健壮的完整植株。

4）驯化移栽

当试管苗不定根长 2~3cm 时，将培养瓶放在温室中进行光照适应性锻炼，10~15d 后，打开瓶盖进行外界空气适应性锻炼 3~5d。然后小心取出瓶苗，用清水洗净根部黏附的培养基，于通风处晾干，1~2d 后进行驯化移栽。选用透气性佳、排水良好、不易结块的基质，粗河沙：泥炭=2：1 效果较好；也可选用专用多肉土，如麦饭石+火山岩+轻石+虹彩石：泥炭=3：1。基质要充分消毒。移栽后，放在通风、有散射光的环境，保持温度 15~28℃，空气湿度 70%~90%。移栽后 10d 左右姬玉露幼苗便开始长新根，20d 后，多数幼苗都会发出新根，根长 1~3cm，生根率 90% 以上。

考核评价

观赏植物组培快繁生产考核评价标准

评价内容	评价标准	分值	自我评价	教师评价
兰花组培快繁生产	外植体选择	20		
	外植体诱导培养			
	组培苗增殖培养			
	组培苗的生根培养			
	组培苗的驯化与移栽			
红掌组培快繁生产	外植体选择	20		
	外植体诱导培养			
	组培苗增殖培养			
	组培苗的生根培养			
	组培苗的驯化与移栽			
非洲菊组培快繁生产	外植体选择	15		
	外植体诱导培养			
	组培苗增殖培养			
	组培苗的生根培养			
	组培苗的驯化与移栽			

（续）

评价内容	评价标准	分值	自我评价	教师评价
观赏凤梨组培快繁生产	外植体选择	15		
	外植体诱导培养			
	组培苗增殖培养			
	组培苗的生根培养			
	组培苗的驯化与移栽			
实训报告	操作过程描述规范、准确	10		
	取得的效果总结真实详细			
	体会及经验归纳完备、分析深刻			
技能提升	会进行常用观赏植物种苗组培生产	10		
	会独立查找资料			
素质提升	培养自主学习、分析问题和解决问题的能力	10		
	学会互相沟通、互相赞赏、互相帮助、团队协作			
	善于思考、富于创造性			
	具有强烈的责任感，勇于担当			

知识拓展

非洲菊切花采后保鲜方法

非洲菊是菊科多年生草本植物，别名扶郎花、太阳花、猩猩菊等。非洲菊的花朵硕大、花色艳丽、花期长，越来越受到人们的喜爱。近年来，非洲菊已经与月季、菊花、香石竹和唐菖蒲并列成为世界五大切花。为延长非洲菊切花的寿命可采用物理保鲜法或化学保鲜法。

1. 物理保鲜法

物理保鲜法即冷藏保鲜法。低温冷藏可以有效降低非洲菊切花的代谢速率，同时降低切花瓶插液中微生物和病菌的生长代谢速率，防止微生物和病菌大量繁殖感染切花。冷藏还可以减少叶片蒸腾作用，保持非洲菊植株的含水量，在一定程度上避免切花花瓣颜色和形状的改变，延缓切花衰老速度，从而延长切花寿命。

2. 化学保鲜法

化学保鲜法是在非洲菊切花瓶插液中加入化学试剂延缓切花衰老速度，根据作用机理不同,常用的非洲菊切花保鲜试剂主要有抑菌剂、糖类、无机盐和植物生长调节剂。抑菌剂可以抑制细菌的繁殖,防止致病菌感染堵塞切花导管。糖类能够为离体切花提供能量,维持细胞渗透压,延迟切花萎蔫。无机盐可以增加瓶插液的渗透压和花瓣细胞的膨压,有利于维持花枝水分平衡和伸长姿态。植物生长调节剂可延缓植物的生长,降低切花代谢速率,延长切花寿命。

现代月季组培关键技术

目前现代月季的繁殖技术仍沿袭传统的扦插、嫁接、压条等方法,但这些方法限制了月季的繁殖量,不能满足工厂化生产的需求。早在1967年,就有相关学者的实验证明在培养基中添加2,4-D或添加NAA均能很快诱导出愈伤组织。1970年,国外学者首次在野蔷薇(*Rosa multiflora*)上成功地进行了芽的繁殖和诱导幼苗生根。1976年,国外学者报道细胞分裂素有利于提高丛生芽的数量,但也增加了诱发花器官败育或退化的频率。直到1980年,相关学者成功在MS培养基上建立了月季试管苗无性系,才真正开辟了月季组培的先河。

月季生根培养基多数采用1/2MS培养基。研究发现,MS培养基中盐浓度过高,特别是氮素含量过高会导致生根不适应,因此需减少无机盐用量。生根使用的激素主要为IBA、NAA、IAA等生长素,其中IBA和NAA有效浓度为0.01~1.0mg/L,IAA使用较少。在培养基中加入AC可以显著增加生根量和提升根的长势,添加浓度为0.2%~0.3%。

影响月季组培快繁技术的问题有很多,主要有外植体在启动培养过程中产生的褐变现象和培养过程中产生的玻璃化现象。为防止褐变,可以对外植体进行适当的暗处理、降低生长素和蔗糖浓度;或在培养基中加入褐变抑制剂与吸附剂,如半胱氨酸、柠檬酸、苹果酸、植酸(PA)、维生素C等。为减少玻璃化的产生可以适当调节降低BA的浓度、增加培养基的硬度和蔗糖浓度、改善培养瓶与外界环境的通气条件和调节培养瓶的温度等。

月季组培快繁技术的研究方向主要有3个:一是对某一月季品种进行多因素、复杂因子共同影响行为的研究和探讨,如培养基、激素种类、激素浓度配比等;二是关注月季无菌播种技术;三是深入细致地研究月季组培过程中出现的褐变与玻璃化。研究者要综合各项研究,建立不同月季品种组培快繁技术科学理论体系。与此同时,还要将月季组织培养研究与生产相结合,降低生产成本,提高生产速度与产品质量,以满足市场需求。

任务 4-4　药用植物组培快繁生产

工作任务

任务描述：传统的中草药获取方法以采集和消耗大量的野生植物资源为代价，加之生态环境的日益恶化进一步加剧了药用植物资源的匮乏，导致许多珍稀药用植物濒临灭绝。应用植物组织培养技术生产药用植物，具有不受地区、季节与气候限制，便于工厂化生产等优势，同时组织培养中的细胞生长速度要比植物正常生长速度快，接近于分生组织的生长速度。因此，利用组织培养手段快速繁殖药用植物种苗，或者利用组织培养、细胞培养手段直接生产药用活性成分的生产方法得到持续发展。

本任务以铁皮石斛、金线莲、人参等药用植物的组培快繁生产为例，在培养学生熟练掌握组织培养基本操作流程的基础上，运用组培技术手段解决药用植物种苗生产上的实际问题，包括药用植物植物组织培养培养基的研制与开发、外植体的选择与灭菌、无菌接种操作、试管苗驯化与移栽等，达到良种快速繁殖、复壮的目的。

材料和用具：无菌工作台、光照培养箱、高温高压灭菌锅、酒精灯、培养瓶、解剖镜、剪刀、镊子等。

知识准备

1. 铁皮石斛简介

石斛属（*Dendrobium*）为兰科第二大属，多年生草本植物，全球共计有1500种，除个别种外，皆属附生兰类。1980年以前，我国仅发现了57种石斛属植物，后又经调查发现并定名了19种石斛属植物，丰富了我国石斛的种质资源库。我国石斛的种类仅占全世界的5%左右，但在历史上，我国对其药用开发和利用走在世界前列，是重要的常用中药材。在我国的76种石斛属植物中，有近40种作药用，石斛品种中的铁皮石斛因滋补作用强，适用于老人、虚人津液不足之症，但不宜大寒者食用，已成为每千克价值上万元的珍品。铁皮石斛品种长期出口，以其加工的"枫斗"或"耳环石斛"，被称为"金耳环"或"金枫斗"畅销于东南亚及欧美地区，因产量少而供不应求。巨大的市场需求和野生铁皮石斛资源有限，为人工培育铁皮石斛开拓了市场。

2. 金线莲简介

金线莲（*Anoectochilus roxburghii*）即花叶开唇兰，别名金蚕、金线兰、金石松、金线虎头蕉、金线入骨消等，是兰科开唇兰属（*Anoectochilus*）多年生草本植物，主要分布于亚洲的中国、日本、斯里兰卡、印度和尼泊尔等国。金线莲是我国传统的珍贵药材，有清凉解毒、滋阴降火、消炎止痛之功效，对无名肿痛、发烧、止泻、蛇伤均有显著疗效，且无毒副作用，使用安全。金线莲株型小巧，叶形优美，叶脉金黄色，呈网状排列，是观赏价值极高的室内观叶珍品。由于在其系统发育中形成了对生态环境条件要求较严、适应性较差的生物学特性，因而在自然界的蕴藏量甚少，价格高昂。金线莲种子微小，由未成熟的胚及数层种皮细胞构成，一般不易发芽。只有在无菌条件下供给充足的养分，种子才能发芽。以分根法或扦插法繁殖，繁殖系数低，很难形成规模种植。因此，利用组织培养进行快速繁殖，对种质资源的保存及为药用和观赏园艺提供种苗都具有重要意义。

由于金线莲生长发育过程中对环境的光、温、水、肥、气等因子有严格要求，因此无论是组培苗移栽驯化，温室集约化栽培，还是露地大面积人工栽培，能否成功创造条件以满足金线莲对环境因子的特定要求，是人工栽培能否取得成功的关键所在。生产上常用的栽培模式主要有以下两种类型。

（1）露地人工栽培

金线莲属阴生植物，光饱和点低，对生长环境要求较为苛刻。在山地进行人工栽培时，应选择野生金线莲生长密集的地方或是海拔较高的林内溪沟边阴凉处，这是取得成功的关键。植地要求在海拔400m以上，近阔叶林或针阔叶混交林带，1月平均气温≤10℃，7月平均气温≤27℃，空气相对湿度≥70%，常风小或静风，通风，透光度为30%左右，周围有水源，土壤结构性能好，呈中性或微酸性，pH为4.5~6.5。

（2）室内人工栽培

室内栽培时用树条、竹条或水泥柱搭箱架，箱宽1.3m，箱长视场地而延长，箱高10cm，箱底离地30cm左右，箱内放腐殖土，上搭凸棚并盖塑料布防雨水冲刷，该条件下成活率可达90%。砂床栽培可在干净室内铺设砂床，面积视生产规模而定，砂层厚度6cm左右。大规模生产可采用标准化蘑菇房的形式栽培。栽植株行距5cm×10cm，每平方米定植200株左右。此法主要技术环节有：①喷施金线莲专用肥，以迟效性有机肥为主，如黄豆饼经发酵后的稀释液，在90d左右的生长期内喷施4~5次，配合叶面施肥更好；②分季节做好喷水工作,切实保持砂床不发白;③加强检查,防治蛞蝓和蜗牛的危害;④保持栽培场所的通风。

3. 人参简介

人参(*Panax ginseng* C. A. Meyer)为五加科(Araliaceae)人参属(*Panax*)珍贵药用植物,其根可入药,被誉为药中之王。但是人参生长缓慢,生长周期较长,栽培技术复杂。人参组织培养可在人为控制条件下,短时间内获得试管苗,生产人参药用活性成分,如多种人参皂苷、人参多糖等医疗保健功效物质。可用于诱导人参愈伤组织采用的外植体主要有人参的根、茎、叶片、叶柄、花药、花丝、子房、果肉、胚或胚的一部分(子叶、胚轴等)、原生质体等,以根和茎作为外植体最为常见。但幼茎和根切段相比,幼茎的愈伤组织诱导率较根要高,幼茎的诱导率可达95%。

任务实施

1. 铁皮石斛组培快繁生产

铁皮石斛组培快繁生产流程如图4-7所示。

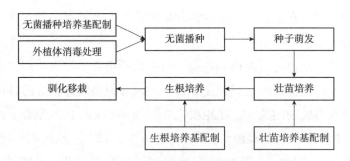

图4-7 铁皮石斛组培快繁生产流程

1) 无菌种子萌发繁殖

铁皮石斛种子量大,成苗整齐,繁殖率高,目前种子是铁皮石斛种苗繁殖的主要材料之一,其过程为无菌播种→原球茎萌发→原球茎增殖→原球茎诱导成苗→无菌苗生根培养→炼苗移栽,具体技术方法如下。

采集铁皮石斛饱满未开裂成熟果实(果皮为淡黄色)的种子作为外植体,铁皮石斛果实为蒴果。将未开裂成熟果实,放入加有2~3滴洗洁精及500mL水的烧杯中搅拌10min,自来水冲洗15min;用75%的乙醇浸泡30s;再用0.1%的升汞溶液消毒20min,无菌水冲洗3~5次。将消毒好的果实纵向切开表皮，把种子接入无菌萌发诱导培养基中。培养1个月，种子萌发变绿，在培养基表面可以看到绿色的原球茎。萌发培养基配方为1/2MS+NAA 0.3mg/L+蔗糖30g/L，按常规方法配制，琼脂浓度为6.0g/L，调节pH为5.8，在121℃下蒸汽灭菌15min。适于铁皮石斛原球茎增殖的培养基为改良MS培养基，改良方法为铵态氮减半，减少的氮用硝酸钾补充，为了避免原球茎的老化，原球茎增殖时无须添加激素。原球茎诱导成苗的培养基及激素组合为改良MS+6-BA 0.4mg/L+NAA 0.2mg/L+蔗糖30g/L；适于铁皮石斛原生苗生根的培养基为改良MS+ABT 6号0.6mg/L+IBA 0.2mg/L+NAA 0.1mg/L+蔗糖15g/L。需要注意的是，铁皮石斛种子萌发需要较高温度，在25℃以上萌发生长较快，当温度低于10℃时，即使满足营养条件也不能萌发。温度对铁皮石斛的生长也产生影响，在20~22℃时丛生芽增殖较好，温度超过25℃丛生芽就开始分化成苗。

2）茎段丛生芽繁殖

以铁皮石斛优株的茎段为外植体，诱导丛生芽，壮苗生根，从而实现大量繁殖。将铁皮石斛健康植株，以茎芽为中心剪下，芽的上下各留0.5cm的茎段，用洗衣粉浸泡20min左右，取出后再用自来水反复冲洗数次，备用；将预处理过的外植体用75%的乙醇溶液灭菌30s，然后用无菌水冲洗1次，将茎段腋芽的苞叶拨去；再用0.1%升汞溶液倒入烧杯中灭菌10min，灭菌过程中不断摇动烧杯使灭菌更加彻底，最后用无菌水冲洗五六次将升汞溶液冲净并接种到培养基上。所有材料均在组织培养室中培养，温度为22℃，光照时长12h/d，光照强度2000 lx。以MS培养基为基本培养基，附加的NAA浓度为0.3mg/L，6-BA浓度为5mg/L时，铁皮石斛丛生芽的增殖率最高。铁皮石斛壮苗生根最好的培养基为MS+6-BA 2mg/L+20%香蕉汁。比较不同激素浓度的6-BA对铁皮石斛壮苗生根的影响可得出，不加6-BA的培养基小苗生根率低、发根迟、根数少；而加入6-BA后可以大幅度提高生根率，尤以在6-BA 0.4mg/L的培养基中小苗生根快，根数多。铁皮石斛培养60d左右时生长速度最快。香蕉汁能促进生长，使苗的生长加快。生根培养时以MS+香蕉汁20%的培养基最好。

3）炼苗和移植

将试管苗移至炼苗房进行2~3周的炼苗，让试管苗逐渐适应自然环境。待其叶色浓绿、生长健壮时出瓶。出瓶苗要求苗长在3cm以上；肉质茎有3~4个节间、具4~5片叶，叶色正常；根长3cm以上，有4~5条根，根皮色白中带绿，无黑色根，无畸形，无变异。出瓶时将培养基与小苗一起轻轻取出，污染苗、裸根苗或少根苗分别放置。正常组培苗应先用自来水洗净,特别要洗掉琼脂,以免琼脂发霉引起烂根,然后用干净的自来水冲洗1次;裸根或少根组培苗经清洗后,可将其根部浸泡于100mg/L的ABT生根溶液中15min,以诱导其生根;污染苗经清洗后,可用多菌灵1000倍浸泡整株小苗10min,选择单独地块移栽。气温过低或过高时均不宜移栽。在铁皮石斛主产地,一般来说除最冷的1~2月和最热的7~8月外均可移栽,但一般选择4~5月移栽较好。生产中栽培基质多以松木皮+苔藓组合为多,木皮要浸泡1个月,煮沸消毒去油处理。移栽时可在基质上挖深2~3cm的小洞,轻轻将经炼苗、出瓶洗净的组培苗根部放入小洞。注意不要弄断石斛的肉质根,然后用基质盖好。铁皮石斛种植2~3年即可采收,收获适期为立冬后至清明前,此时石斛已停止生长,茎枝坚实、饱满、干燥。为了可持续利用有限的铁皮石斛资源,一般应采取"去三留二",即采收3年及3年以上的铁皮石斛茎干,留下3年生以下的铁皮石斛以供生长繁殖。采收后应注意及时喷施保护性杀菌剂以预防病害的发生。

2. 金线莲组培快繁生产

金线莲组培快繁生产流程如图4-8所示。

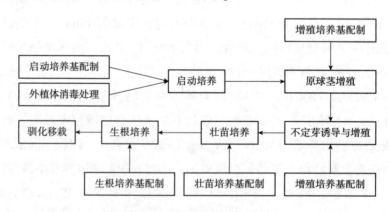

图4-8 金线莲组培快繁生产流程

1)启动培养

影响金线莲启动培养的因素有品种、外植体、基本培养基、激素、天然提取物等。适用于金线莲组培的外植体有茎段、茎尖、嫩叶等,茎尖因其细胞活性强,诱导效果最佳。

茎尖诱导原球茎的基本培养基有1/2MS、MS、White、ZW等。许多实验表明,1/2MS和改良MS培养基(大量元素降低到原来的1/4~1/2,尤其是氮肥的用量,降低到原来的1/4以下)诱导茎尖产生原球茎的效果最好,可见适当地降低氮肥对外植体萌发有利。在适宜的基本培养基上，加入不同激素（BA、KT、IBA、NAA等）的试验结果表明，IBA、KT对外植体诱导原球茎有促进的作用，IBA的浓度以0.2mg/L为好；而高浓度的激素（2.0mg/L及以上）对外植体萌发和诱导原球茎起抑制作用。AC对外植体诱导原球茎起一定的促进作用。如果外植体是茎段，则用BA 0.2mg/L和NAA 0.5mg/L的组合效果为佳。蔗糖浓度以30g/L为好。在培养基中加入不同的天然提取物，如椰子汁、马铃薯汁、香蕉泥等，可使原球茎发生率提高，发生时间缩短。不同天然提取物均在不同程度上对原球茎萌发有促进作用，其中椰子汁的效果最好，浓度以10%最好。香蕉汁、马铃薯汁对促进原球茎分化形成根状茎、促进根状茎增粗等效果明显。

2) 原球茎增殖

影响金线莲原球茎增殖的因素有基本培养基种类，激素、蔗糖、AC浓度，以及切割方式等。研究表明MS作为基本培养基最好，因为MS无机盐含量高。BA、NAA等可以促进原球茎的增殖，配合使用的增殖率比单独使用时高。MS+BA 0.5~1.0mg/L+NAA 0.5~1.0mg/L的培养基增殖率比较高，其中BA的用量最好不要低于NAA的用量。培养基中的蔗糖浓度以30g/L为好；如果长期进行增殖培养，蔗糖的含量应该更高些。AC可以促进原球茎的增殖，浓度可在0.1%~0.2%，以0.1%为好。光培养增殖效果比暗培养好，光照时长12(±1)h/d。切割方式中，掰开（自然分离）比横切、纵切好，且密植增殖效果好。

3) 根状茎诱导和增殖

一般在诱导原球茎的培养基上培养，也可以诱导出根状茎。根状茎在1/2MS、MS培养基上增殖效果较好。含有椰子汁、NAA、IBA、AC等的培养基有利于根状茎的增殖，且配合使用的效果更好。切割对根状茎的繁殖有明显的影响，掰开的增殖效果比横切、纵切好。

4) 诱导不定芽生根

待根状茎长到2~3cm时，从基部掰开，转接在1/2MS+BA 0.2~1.0mg/L+NAA 0.5~2.0mg/L的培养基上进行不定芽和生根的诱导。BA对不定芽的诱导起主要作用，NAA对生根诱导起主要作用。一般情况下先诱导不定芽，后诱导生根。高浓度的BA和低浓度的NAA可以促进芽体的诱导，以MS+BA 2.0mg/L+NAA 0.5mg/L的培养基效果好。生根诱导时以低浓度的BA和高浓度的NAA配合使用，以1/2MS+NAA 2.0mg/L+香蕉汁10%+AC 0.1%的培养基为好。如果不定芽和生根诱导一起进行，则以1/2MS+BA 0.1mg/L+NAA

2.0mg/L+香蕉汁10%+AC 0.1%+蔗糖3%具有较好的出芽与生根效果。AC对于不定芽的诱导有促进作用。培养基中添加适量的AC，有利于芽苗的增殖生长，且使芽苗增粗、伸长，此外还利于促进芽苗的生根。

5) 试管苗移栽

金线莲组培苗移栽前，宜置于阴凉通风处炼苗1~2周，继而洗净根状茎上黏附的琼脂培养基，并用400倍多菌灵消毒10min，然后选取茎粗0.15cm左右、株高8cm以上、具有4片叶、有2~3条长约1cm根的壮苗，先于室内假植15d左右(盖上薄膜保湿)，再移植于室外荫棚或野外栽培基地。移栽基质为森林腐殖土和经风化的黄壤土，分别掺10%和30%的粗沙，其上覆盖洁净干燥的苔藓。这两种基质能为金线莲生长发育提供疏松、透气、排水和保水性能良好的土壤条件；栽培环境的气温宜在18~20℃；金线莲既需水又忌积水，施水量的多少应视植株发育状况、土壤(或栽培基质)中的含水量、气温高低以及空气湿度等具体情况灵活掌握。

3. 人参组培快繁生产

人参组培快繁生产流程如图4-9所示。

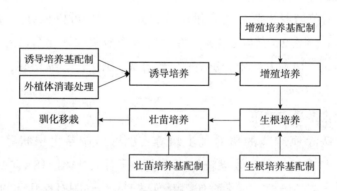

图4-9 人参组培快繁生产流程

1) 外植体选择和消毒

取人参幼茎，用洗衣粉水清洗后放入无菌杯中，在无菌工作台上用75%乙醇消毒30s，倒出乙醇用无菌水冲洗一遍，再用0.1%升汞溶液灭菌8~10min，不断摇动无菌杯，让灭菌剂和材料表面充分接触。最后用无菌水冲洗4~5次。

2) 初代培养

将消毒好的人参茎段切成长约1cm的小茎段，接种到初代培养基(MS+2, 4-D 0.1mg/L+NAA 0.1mg/L+6-BA 0.5mg/L+琼脂0.75%+蔗糖3%)上，调节 pH 为 5.8。约 15d 茎段长出不定芽,每个茎段外植体可诱导出 1~3 个不定芽。适宜培养温度为 25(±2)℃。

3)继代培养

切取诱导形成的不定芽转移至不定芽扩繁培养基,采用 MS+蔗糖 3%+NAA 0.5mg/L+6-BA 1.0mg/L+琼脂 0.75%的培养基进行扩繁,约 7d 可见长出新的丛芽。15~20d 丛生芽平均数为 3 个。25d 时丛生芽平均数增至 5 个。继代增殖周期为 15~25d。

4)生根培养

丛生芽继代培养后长出幼叶,将其单株转至(1/2MS+NAA 1.0mg/L)生根培养基上培养至形成高 2~3cm、2~3 片叶的单株幼苗。培养条件为温度 25(±2)℃。光照 2000lx,光照时间 12h/d,培养 30d 后可见根系。

5)壮苗培养和炼苗

取出生长正常,无褐化和玻璃化的组培幼苗,接种到壮苗培养基(MS+6-BA 1.0mg/L+IAA 1.2mg/L+CCC 0.5mg/L)。在培养温度 23℃,光照时间 14h/d,光照强度 2300lx 的条件下进行壮苗培养约 25d。壮苗后放入温室大棚,对人参组培苗炼苗约 4d,再打开组培瓶盖炼苗 7d,炼苗结束后,将人参组培苗取出,洗去根部培养基,移栽到栽培基质中,基质应预先用 0.2%高锰酸钾或其他灭菌剂消毒灭菌,移栽后及时浇水。约 1 周可正常生长。

考核评价

药用植物组培快繁生产考核评价标准

评价内容	评价标准	分值	自我评价	教师评价
铁皮石斛组培快繁生产	外植体选择	25		
	外植体诱导培养			
	组培苗增殖培养			
	组培苗的生根培养			
	组培苗的驯化与移栽			
金线莲组培快繁生产	外植体选择	25		
	外植体诱导培养			
	组培苗增殖培养			
	组培苗的生根培养			
	组培苗的驯化与移栽			

(续)

评价内容	评价标准	分值	自我评价	教师评价
人参组培快繁生产	外植体选择	20		
	外植体诱导培养			
	组培苗增殖培养			
	组培苗的生根培养			
	组培苗的驯化与移栽			
实训报告	操作过程描述规范、准确	10		
	取得的效果总结真实详细			
	体会及经验归纳完备、分析深刻			
技能提升	会进行常用药用植物种苗的组培生产	10		
	会独立查找资料			
素质提升	培养自主学习、分析问题和解决问题的能力	10		
	学会互相沟通、互相赞赏、互相帮助、团队协作			
	善于思考、富于创造性			
	具有强烈的责任感，勇于担当			

知识拓展

铁皮石斛人工栽培管理要点

铁皮石斛为南亚和东南亚地区著名药材，铁皮枫斗等产品在市场上价格不菲。在野生状态下，铁皮石斛繁殖速率低、生长缓慢，加之掠夺性采挖，使其野生资源日益减少，远远不能满足国内外市场发展和临床医学需要，因此铁皮石斛人工种植的规模迅速扩大。下面就种植模式、基质选择、植后管理谈谈铁皮石斛人工栽培管理关键的问题。

1. 种植模式

1）仿野生栽培

仿野生栽培是指选择通风较好、树皮较厚且裂痕较多的成片树林，采用捆绑或钉夹的方式将铁皮石斛苗固定在树干或石头上，石斛生长全过程中没有任何的保护措施，基本处于自然状态。可细分为以下两种方式：①贴树栽培法。选择树干较粗、水分较多的阔叶树，用钉子或绳索把石斛种苗石斛根基部固定在树干上，然后用牛粪薄薄地涂于石斛根部，也可用遮阳网等包扎。贴树栽培的密度一般每丛间隔30~40cm，贴树栽培时必须选择背光的一面为栽培点，否则会因光照过强影响生长。②贴石种植。将石斛种苗直接栽入石头穴中或石缝上，用石渣或小卵石将根压实，使茎和根固定在穴内或石面上。为了更好地固定，可用牛粪或稀泥将石斛种苗的根糊于岩石上，以免脱落，有必要的话可以采用定植网固定。这种方法种植的石斛品质高、成本低，但由于树种不一、地势陡峭不均、覆盖物少、保水性差、虫害种类较多等原因，给人工管理带来极大的不便，在极端旱涝和低温天气中会严重影响仿野生栽培的成活率和产量。

2) 半野生栽培

半野生栽培是指利用自然的树木、树段或者其他未经加工的自然物体作为铁皮石斛的附着物，将铁皮石斛种苗捆绑或者钉夹在这些物体上，而后在栽培地搭建简单的挡雨遮阳设施的栽培模式。可细分为以下两种方式：①活木移栽。按行距1.0~1.3m，由东向西倾斜45°~60°，在离地面80cm以上，将石斛种苗按10~12cm的距离捆绑于树上，盖上遮阳网，遮阳网高度视所移栽树的高度而定。②木段栽培。利用带皮的杉木段搭建成苗床，苗床不加任何基质，将石斛种苗捆绑固定于木段上，苗床上方搭建必要的挡雨遮阳设施。此方式栽培效果很好。

3) 设施栽培

设施栽培是根据铁皮石斛的生产特性，因地制宜，人为设计适合石斛生长的各种设施，并将石斛种苗种植于人工配制的基质中的栽培模式。设施栽培的特点是必须搭建大棚及配制基质，此方法便于对石斛生长的光、温、水、肥及通风条件进行调控，因此最适合石斛生长，目前使用也最为广泛，但建设大棚成本较高。主要方式有：①大棚苗床栽培。在温室大棚中设立离地80cm的苗床(活动或固定)，苗床铺设人工配制的基质，将石斛种苗种于基质中。在选择本方法时，大棚的建设可以根据特定的环境和经济条件做出各种调整。装有水帘风机及电动遮阳网的大棚条件最好，造价也最高。实际生产中有许多降低造价的做法可以借鉴，能遮阳、挡雨、保温、自然通风即可。②大棚地栽模式。在大棚内整地建苗床，上铺一层5~10cm厚的碎石、砖头等透水性较好的材料，再铺上15cm左右预先配制好的栽培基质，将石斛苗种植在基质上。此方法节省了建设苗床的费用，但石斛根部通风较差，同时容易受到地下害虫及蜗牛的危害。③槽式栽培。用木材加工的边皮废料做成槽，槽底打孔后槽中放入8~10cm厚的经浸泡消毒的基质，将槽放置于离地80cm的位置，再搭建大棚及遮阳网。此方法利用木槽代替苗床,实际上是苗床栽培的一种变化。

2. 种植基质

设施栽培是目前使用最多的种植模式,该模式中需要配制合适的栽培基质。栽培基质是优质高效栽培的关键,铁皮石斛的生物特性要求栽培基质既有良好的保水性又有较佳的通风透气性,规模化生产要求栽培基质原料易得、操作方便。常用基质有水苔、碎石、花生壳、苔藓、椰子皮、松树皮、木屑、木炭、木块等。研究木块、苔藓、锯末、腐殖土、河沙的各种组合时发现,对石斛种苗生长良好基质组合顺序是,木块与苔藓>木块与锯末>木块与腐殖土>锯末与河沙>锯末与腐殖土。2cm大小的木块与苔藓按4:1的比例混合,使用效果较好。水苔、松树皮与碎石,花生壳与碎石的移栽成活率均维持在95%以上,而锯末、碎石两种基质的保水性能较差,移栽成活率明显降低。试验研究还证明,树皮:锯末:羊粪=5:3:2的基质配比对石斛生长效果最好。研究不同基质对石斛试管苗的成活率影响,结果发现,碎石+木屑和碎石+河沙两种基质效果好,种苗成活率达到90%以上。种植基质的材料可以根据当地的情况,因地制宜进行筛选,但都要遵循基质必须既有良好的保水性又有较佳的通风透气性的原则进行配比,在已知的基质用料上,松树皮、碎石和适当比例的有机物是比较常用几种材料,建议在生产中可以参考灵活使用。

综上所述,在种植模式方面,仿野生种植模式生存环境不可控,虽然种出来的石斛品质最高,但产量较少,效益相对较低,生产上应用的还比较少。种植基质方面,根据基质既有良好的保水性又有较佳的通风透气性,规模化生产栽培基质原料易得、操作方便的原则,因地制宜,就地取材进行配置,其中水苔、碎石、花生壳、苔藓、椰子皮、松树皮、木屑、木炭、木块等是主要且安全的配料。

3. 植后管理

种植后每天下午6时左右喷一次叶面水,根据气候和种植材料的干湿情况,一般每隔5d左右喷淋一次透水。在气温20℃左右,幼苗种植10d已开始长根,15d左右即可喷施一些薄肥。待石斛苗进入正常生长后,每周都应施肥一次。病虫害管理方面,一般从种植材料开始,做好杀虫灭菌。上床种植后,要注意防鼠、防鸟、防虫等,尤其是防天牛危害;较容易发生的病害病状是烂根,主要是植料太细和淋水过多造成,除喷药外还应加强通风。

巩固训练

1. 以桉树组培快繁生产为例,叙述茎段培养的一般过程。
2. 以草莓脱毒苗培育为例,叙述茎尖脱毒培养的一般过程。
3. 以蝴蝶兰组培快繁生产为例,叙述热带兰花种苗生产的一般过程。
4. 以红掌组培快繁生产为例,叙述嫩叶片培养的一般过程。
5. 以铁皮石斛生产为例,叙述药用植物良种快繁与仿野生栽培的一般过程。

项目 5　组培技术研发与生产经营管理

知识目标

1. 掌握组培苗污染、玻璃化、褐化等发生机理与解决对策。
2. 了解组培生产经营，熟悉组培技术研发的试验设计。
3. 理解经营管理基本知识。

技能目标

1. 会开展组培试验方案的设计与数据调查统计。
2. 会开展组培苗污染防治。
3. 会开展组培苗褐化与玻璃化防治。
4. 能够做到降低成本、提高经济效益。

素养目标

1. 培养学生善于思考、富于创新的能力。
2. 培养学生的实际动手能力和同学间密切合作精神。
3. 提高学生理论联系实际分析问题和解决问题能力。

任务 5-1　识别处理异常培养物

🏠 工作任务

任务描述：组培生产过程中出现的异常培养物问题主要是指在植物组培生产过程中经常出现的污染、玻璃化、褐化及变异苗问题，本任务将通过分析各种问题出现的原因及其发生机理，提出合理化控制意见，并使学生掌握识别处理异常培养物的方法。

材料和用具：无菌工作台、75%乙醇、95%乙醇、培养瓶、接种器械、酒精灯、培养材料等。

🌐 知识准备

1. 试管苗污染的发生与控制

污染是指在组培过程中，由于真菌、细菌等微生物的侵染，在培养容器内滋生大量的菌斑，使试管苗不能正常生长和发育的现象。

1) 真菌

真菌(fungi)是一类没有叶绿素、异养的真核生物。除极少数种类是单细胞外，绝大多数由多细胞组成菌丝，结成一团的菌丝称菌丝体，菌丝分有隔菌丝和无隔菌丝两种。有隔菌丝是由多个细胞组成，相邻的细胞之间由隔丝隔开。真菌在地球上广泛存在，空气、水、土壤以及各类生物的体表或体内皆可有真菌生长。大气中已知的真菌有 11 255 属 10 万种，在室内常附着在物体表面，能自动或随人的活动而扩散。一个季节繁殖 4~5 代，孢子可达 1 万亿个。

室内真菌种类主要有芽枝孢霉属、曲霉属、铰链孢霉属、镰刀霉属、青霉属等，真菌数量的多少，与温度、湿度有很大关系。真菌以腐生、寄生或共生的形式进行异营性生活，并可于菌丝产生孢子以完成有性或无性繁殖。

真菌生长会随季节变化，春、夏季尤其是南方的梅雨时节，温暖潮湿，非常适合真菌生长。冬季室内真菌浓度较高。

需要注意的是，如果长期使用空调而不注意通风，可引起室内真菌污染。有研究对比发现室内有空调比没有空调情况下曲霉菌落数多 4 倍。

2) 细菌

细菌(bacteria)是一类微小的单细胞原核生物，有 2000 多种。从形态上看，细菌可以分成球菌、杆菌和螺旋菌3类。细菌存在的范围极广，土壤、水、空气里都散布着细菌，多达50种以上。细菌是无孔不入的微生物，儿童玩具、手机、计算机键盘和衣服上，甚至植入人体的医用植入物（如心脏起搏器）等，都随时有可能沾染细菌，对人体造成危害。为避免细菌的侵袭，科学家曾尝试用抗微生物材料生产各种用品，但效果不十分理想，因为这些材料虽然能杀死细菌，却充满化学物质反而起到负面作用。

2. 试管苗玻璃化的发生与控制

植物材料进行立体繁殖时，有些组培苗的嫩茎、叶片出现半透明状和水渍状，这种现象称为玻璃化，是组培苗的一种生理失调症。玻璃化苗是在芽分化启动后的生长过程中，碳水化合物、氮代谢和水分状态等发生生理性异常所引起，它由多种因素影响和控制。

1) 激素浓度

高浓度的细胞分裂素有利于芽的分化，但也会使玻璃化的发生比例提高。每种植物发生玻璃化的激素水平都不相同。有的品种在 6-BA 0.5mg/L 时就有玻璃化现象发生，如香石竹的部分品种。另一些种类在培养的特定阶段可以耐较高的浓度，而在其他阶段的培养中，却只需要较低的浓度，如非洲菊只有在 6-BA 达 5~10mg/L 时才可能诱导花芽脱分化生产不定芽，而在不定芽的增殖时，6-BA 的使用浓度只能在 1mg/L 左右。细胞分裂素与生长素的比例失调，如细胞分裂素的含量显著高于两者的适宜比例，使组培苗正常生长所需的激素水平失衡，也会导致玻璃化的发生。

2) 温度

温度主要影响苗的生长速度。温度升高时，苗的生长速度明显加快，高温达到一定限度后，会对正常的生长和代谢产生不良影响，促使玻璃化的发生；变温培养时温度变化幅度大，忽高忽低的温度变化容易在瓶内壁形成小水滴，增加瓶内湿度，提高玻璃化发生频率。

3) 湿度

湿度包括瓶内的空气湿度和培养基的含水量。瓶内湿度与通气条件密切相关，通过气体交换瓶内湿度降低，玻璃化发生率减少。相反，如果不利于气体交换，瓶内处于不透气的高湿条件下，苗的生长快，玻璃化的发生频率也相对较高。一般来说在单位容积内，培养的材料越多，苗的生长越快，玻璃化出现的频率就越高。

4）培养基的硬度

培养基的硬度由琼脂用量决定。随着琼脂浓度的增加，玻璃化的比例明显降低，但琼脂过多时培养基太硬，影响养分的吸收，使苗的生长速度减慢。进行液体培养时，需通过摇床振荡通气，否则材料被埋在水中，很快就会玻璃化或窒息死亡。

5）光照时间

增加光照强度可以促进光合作用，提高碳水化合物的含量，使玻璃化的发生比例降低。光照不足再加上高温，极易引起组培苗的过度生长，加速玻璃化发生。

6）培养基成分

一般认为提高培养基中的碳氮比，可以降低玻璃化的比例。

3. 试管苗褐化的发生与控制

褐化是指在组培过程中，培养材料向培养基中释放酚类物质，酚被氧化致使培养基逐渐变成褐色，培养材料也随之慢慢变褐而死亡的现象。褐化的发生是外植体中的酚类化合物与多酚氧化酶作用被氧化成褐色的醌类化合物，醌类化合物在酪氨酸酶的作用下，与外植体组织中的蛋白质发生聚合，进一步引起其他酶系统失活，导致组织代谢紊乱、生长受阻，最终逐渐死亡。

引起褐化的原因主要是外植体本身、培养基及培养条件等方面。

1）种类和品种

在不同植物或同种植物不同品种的组培过程中，褐化发生的频率和严重程度存在很大的差异，一般木本植物更容易发生褐化现象，在已经报道的褐化作物中多数为木本植物，如美国红栌、鹅掌楸等。在蝴蝶兰组培的原球茎诱导阶段，褐化较生根培养时严重。此外色素含量高的植物组培时也容易褐化。

2）材料的年龄和大小

外植体的老化程度越高，其木质素的含量也越高，越容易褐化，成龄材料一般比幼龄材料褐化严重。外植体大小对褐化的影响，表现为小的材料更容易发生褐化，相对较大的材料则褐化较轻。切口越大，褐化程度越严重，伤口会加剧褐化的发生。

3）取材时间和部位

植物体内酚类化合物含量和多酚氧化酶的活性在不同的生长季节不同，一般在生长季节取材含有较多的酚类化合物不易褐化。在取材部位上存在幼嫩茎尖较其他部位褐化程度低的现象，木质化程度高的节段在进行药剂消毒处理后褐化现象更严重。一些种类如蝴蝶兰、香蕉等随着培养时间的延长，褐化程度会加剧，甚至超过一定时间不进行转瓶继代，褐化物的积累还会引起培养材料的死亡。

4) 光照

在取外植体前，如果将材料或母株枝条进行遮光处理，再切取外植体培养，能够有效地抑制褐化的发生。将接种后的初代培养材料在黑暗条件下培养，对抑制褐化发生也有一定的效果，但不如接种前处理有效。

5) 温度

温度对褐化有很大的影响，温度高，褐化严重。

6) 培养基

培养基成分和培养方式等对褐化的发生也有一定影响。

4. 试管苗遗传变异的发生与控制

遗传稳定性即保持原有良种特性的能力。通过植物组织培养可获得大量植株，但通过愈伤组织或悬浮培养诱导的苗木，经常会出现一些体细胞变异个体，有些是有益变异，更多的是不良变异。例如，观赏植物不开花、花小或花色不正常，果树不结果、抗性下降或果小、产量低、品质差等问题，在生产上造成很大损失，并容易引起经济纠纷，如香蕉试管苗中的不良变异表现为植株矮小、不结果。

无性系变异频率主要受组培快繁过程中外植体来源、培养基组成、外植体年龄和植株再生方式等影响。

1) 基因型

不同物种的再生植株的变异频率有很大差别。同一物种的不同品种无性系变异的频率也有差别。在花叶玉簪中，杂色叶培养的变异频率为43%，而绿色叶仅为1.2%。香龙血树愈伤组织培养再生植株全部发生变异。嵌合体植株通过组培，其嵌合性更大。单倍体和多倍体变异大于二倍体。同一植株不同器官的外植体对无性系变异率也有影响，在菠萝组织培养中，来自幼果的再生植株几乎100%出现变异，而冠芽的再生植株变异至只有7%，这在一定程度上表明从分化水平高的组织产生的无性系比从分生组织产生的更容易出现变异。

2) 外源激素

许多研究者指出，培养基中的外源激素是诱导体细胞无性系变异的重要原因之一。关于组培苗多倍性与培养基中2,4-D之间的关系，既有正相关的报道，也有负相关的报道。有学者研究发现，在含有2,4-D的培养基中，纤细单冠菊的悬浮培养物在6个月之内可由完全二倍体状态变为完全四倍体状态。如果以NAA代替培养基中的2,4-D，这种变化就很慢。因此有人把2,4-D视为多倍性的一个直接诱导因素。研究表明，如果激素的作用浓度为0.25mg/L，2,4-D能增加多倍体细胞的有丝分裂，减少二倍体细胞的有丝分裂。但若激素的作用浓度为20mg/L，2,4-D则能促进二倍体细胞的分裂。在纤细单冠菊和一种野豌豆属植物悬浮培养中发现，2,4-D浓度增加时可以有选择性地淘汰倍性较高的细胞，从而增加二倍体细胞的数量。

与2,4-D相似，较高浓度的NAA也能有选择地促进二倍体细胞的有丝分裂。在含0.02mg/L激动素和1mg/L NAA的培养基上建立起来的纤细单冠菊幼苗愈伤组织，保存80d以后，其中多数细胞为二倍体，少数为四倍体，八倍体细胞十分罕见。国外研究者发现，随着这两种生长调节物质浓度的升高，多倍体细胞有丝分裂的频率相应降低。这些研究者认为，较低浓度的生长调节物质能够有选择性地刺激多倍体细胞的有丝分裂，而较高浓度的生长调节物质则能抑制多倍体细胞的有丝分裂。

在高浓度的激素作用下，细胞分裂和生长加快，不正常分裂频率增高，再生植株变异也增多。

3) 继代培养的时间

据报道，试管苗的继代培养次数和时间会影响植物稳定性，是造成变异的关键因素。一般随继代次数和时间的增加，变异频率不断提高。

朱靖杰研究发现诱导香蕉产生不定芽时，其变异率继代5次为2.14%，10次为4.2%，20次后则100%发生变异。因而香蕉继代培养不能超过1年。蝴蝶兰连续培养4年后植株退化，不开花，因此要求原球茎2年更换一次茎尖。经长期继代培养的烟草愈伤组织再生植株，其花和叶不正常是很普遍的，而短期组培苗中却未发现变异。各种变异发生的频率随组织培养时间的延长而提高。长期营养繁殖的植物变异率较高，有人认为这是由于在外植体的体细胞中已经积累着遗传变异所致。

4) 再生植株的方式

离体器官发生有5种类型，其中以茎尖、茎段等发生丛生芽的方式繁殖不易发生变异或变异率极低。甘肃农业大学通过节培法繁殖名贵葡萄品种，经5~8年继代培养，发现其变异频率与常规方法相同，在数万株中仅1株变异。此外，用菊花茎尖、腋芽培养，变异较低，而从花瓣诱导变异较高。由花椰菜根诱导的不定芽和再生植株中有不少变异，而从顶端分生组织产生的4000个再生植株基本没有变异。通过愈伤组织和悬浮培养分化不定芽方式获得再生植株变异率较高，通过分化胚状体途径获得再生植株变异较少，通过茎尖或分生组织培养增殖侧芽可以保持基因型基本不变。

也有学者认为，导致变异的原因可能是外植体细胞中预先存在变异。有些体细胞无性系变异可能发生在组织培养之前，在接种的外植体中本身就包含了一些已经变异的细胞，这些细胞经过组织培养再生为变异的植株。在植物体细胞中经常出现的内多倍性，即在二倍体植株的组织中包含一些多倍体细胞和非整倍体细胞，由它们再生出多倍体或非整倍体植株。

综上所述，以分化程度较高的组织或细胞作为外植体，在一定的植物激素浓度下诱导愈伤组织，并经过较长时间的继代培养，然后诱导分化出再生植株，有可能获得较高频率的体细胞无性系变异。

任务实施

1. 识别污染物

真菌污染：培养基或外植体表面出现白、黑、绿等色的块状菌丝（孢子），接种后3~5d发生。

细菌污染：培养基或外植体上出现黏液状或水迹状物，有强烈的酸臭味，多在污染后2~3d发生。

若污染菌类是零星分散在培养基中，则可确定是人为引起的污染，如培养基灭菌不彻底；无菌工作台长时间不换滤网，致使净化能力降低；接种用具灭菌不彻底；操作不规范，动作生硬缓慢，开瓶时间太久，接种台摆放物品杂乱，操作中心在人体范围之内；接种室长期不灭菌，菌类太多。

若污染菌类是从材料周围长起，则可证明是植物材料带菌引起。可能是接种用具灭菌不彻底，接种时材料被污染；或者是未及时发现污染苗，接种过程交叉感染。若是菌类从材料培养基以上部分长起，而不是从培养基先长起，且发生在5d以后，则说明是材料带的内生菌。若从培养基以下开始长菌，发生时间较早，且有从里向外的趋势，则说明是切口引起的污染，原因是灭完菌后未剪去两个切口或虽剪但器具带菌。

2. 控制污染物

1）器具灭菌

在组培生产中，使用的所有器具均需进行高温灭菌后才能使用，首先是培养基的灭菌，在121℃消毒20~30min，灭菌效果取决于初始温度及高温的持续时间、压力大小。接种用的器具除经过高温消毒外,在接种的过程中,每使用一次,还需蘸乙醇后在酒精灯火焰上彻底灼烧灭菌。在组培中较常见的细菌性潜在污染,大多是由于器具消毒不彻底带有半致死细菌引起的。

2)外植体灭菌

经过灭菌的材料,并不一定已完全将微生物杀死,有相当多的材料仍带菌,这些个体培养2~3d后就开始长菌,需要及时地进行检查和淘汰,否则还会马上传染其他个体。经过认真观察,将无菌的个体及时转接到新的培养基上。对外植体的污染,除了摸索最佳的灭菌方法,最大限度地杀死微生物外,对污染的外植体还要及时淘汰。此外,在种源有限时,也可以采用对污染的材料进行二次灭菌的办法,但灭菌时间和消毒剂用量难掌握,效果通常都不理想。

3)无菌接种操作

在接种室启用前用甲醛与高锰酸钾混合熏蒸接种室,做好通风换气工作。正式接种前0.5h左右,打开无菌工作台上的紫外灯和风机,20~30min后接种。用肥皂水洗净双手,在缓冲间内穿好灭过菌的实验服、帽子与拖鞋,进入接种室。用75%的乙醇对着工作台面喷雾除尘,擦拭工作台面和双手。用蘸有75%乙醇的纱布擦拭待接种的培养母瓶,放进工作台。把解剖刀、剪刀、镊子等器械浸泡在95%乙醇中,取出时要先在火焰上灭菌,再放置于器械架上。取出培养母瓶,用火焰烧瓶口,转动瓶口使瓶口各部分都烧到,打开封口塑料。取下接种器械,在火焰上灭菌。把培养材料切割好,迅速放入培养瓶,扎上瓶口(本任务中每人接种5~10瓶)。操作期间应经常用75%乙醇擦拭工作台和双手;接种器械应反复在95%的乙醇中浸泡和在火焰上灭菌。接种结束后,清理和关闭无菌工作台。

4)环境灭菌

在大规模的组培生产中,大环境的污染也会使各个环节的污染明显增加,严重时会使生产无法进行。污染的组培材料不能随便就地清洗,必须经高压灭菌,彻底杀死各种微生物后再进行清洗。对生产环境要进行定期的熏蒸消毒,一般用高锰酸钾和福尔马林混合灭菌。平时还需要对接种室和培养室进行紫外灯照射消毒。同时应每天清扫,使整个生产环境保持清洁有序。

5)无菌工作台清洁

为了使无菌工作台有效工作,防止操作区域本身带菌,要定期对过滤器进行清洗和更换,对于内部的超净过滤器,则不必经常更换。但每隔一定时间要进行操作区的带菌试验,如果发现失效,则要整块更换。还需测定操作区的风速,使其达到20~30m/min。此外,每次使用应提前15~20min打开机器预处理,并对操作台面用70%乙醇进行喷雾消毒。

3. 控制玻璃化苗

减少玻璃化苗的主要措施有:利用固体培养,增加琼脂浓度,降低培养基的渗透势,阻遏细胞吸水;适当提高培养基中蔗糖含量或加入渗透剂,降低培养基的渗透势,减少培养基中植物材料可获得的水分,造成水分胁迫;降低培养容器内部环境的相对湿度;适当降低培养基中细胞分裂素和赤霉素的浓度;控制温度,适当低温处理,避免过高的培养温度;采取昼夜变温交替培养较恒温效果好。增加自然光照,自然光中的紫外线能促进试管苗成熟,加快木质化;增加培养基中钙、镁、锰、钾、磷、铁、铜含量,降低氮和氯比例,特别是降低铵态氮含量,提高硝态氮含量;改善培养容器的通风换气条件,如用棉塞或通气好的封口材料。

4. 控制褐化现象

缓解和减轻褐化现象的措施主要有:对外植体和培养材料进行20~40d遮光培养或暗培养,可以减轻一些种类的褐化程度;选择适宜的培养基,调整激素用量,控制温度和光照;在不影响正常生长和分化的前提下,尽量降低温度,减少光照;冬春季节选择年龄适宜的外植体材料进行组培,并加大接种数量;在培养基中加入抗氧化剂或其他抑制剂,如抗坏血酸、硫代硫酸钠、有机酸、半胱氨酸及其盐酸盐、亚硫酸氢钠、氨基酸等,可以有效地抑制褐化;加快继代转接的速度;添加AC等吸附剂(0.1%~2.5%),都是生产上常用的有效方法。

5. 控制变异苗

在进行植物组织培养时,应尽量采用不易发生体细胞变异的增殖途径,以减少或避免植物个体或细胞发生变异。例如,用生长点、腋芽生枝、胚状体繁殖方式,可有效地减少变异;缩短继代时间,限制继代次数,每隔一定继代次数后,重新开始接外植体进行新的继代培养;取幼年的外植体材料;采用适当的生长调节物质和较低的浓度;培养基中减少或不使用容易引起诱变的化学物质;定期检测,及时剔除生理、形态异常苗,并进行多年跟踪检测,调查再生植株开花结实特性,以确定其生物学性状和经济性状是否稳定。

考核评价

识别处理异常培养物考核评价标准

评价内容	评价标准	分值	自我评价	教师评价
污染苗的识别与处理	正确识别污染苗	25		
	及时发现、挑选污染苗			
	污染苗处理操作规范到位			
	培养室消毒处理			
玻璃化苗的识别与处理	正确识别玻璃化苗	20		
	及时发现、挑选玻璃化苗			
	分析玻璃化原因，改善培养条件			
	科学制定控制玻璃化现象发生措施			
褐化苗的识别与处理	正确识别褐化苗	25		
	及时发现、挑选褐化苗			
	分析褐化原因，改善培养条件			
	科学制定控制褐化现象发生措施			
实训报告	操作过程描述规范、准确	10		
	取得的效果总结真实详细			
	体会及经验归纳完备、分析深刻			
技能提升	能正确识别、处理组培生产过程中常见的异常问题	10		
	会独立查找资料			
素质提升	培养自主学习、分析问题和解决问题的能力	10		
	学会互相沟通、互相赞赏、互相帮助、团队协作			
	善于思考、富于创造性			
	具有强烈的责任感，勇于担当			

知识拓展

植物体细胞无性系变异

植物组织培养体细胞无性系变异是指培养物在离体培养阶段发生变异，进而再生植物也发生遗传性改变的现象。组织培养过程中，愈伤组织诱导和生长阶段、植株再生阶段均较易出现体细胞无性系变异。这些遗传变异一方面源于植株既存的细胞变化，另一方面源于培养过程中培养环境的影响。

1. 外植体

外植体的类型、生理状态等因素能明显影响体细胞无性系变异的频率。一般而言，培养特异化程度高或衰老的组织，产生变异的概率大，而分生组织或幼龄的外植体发生变异的较少。例如，菊科植物花瓣再生的植株比花梗再生植株开花更多，变异频率也更高；天竺葵茎秆再生植株的表型与对照无差异，而根和叶柄的再生植株在形态上则较易产生变异。

2. 物种和基因型

有的物种体细胞无性系发生的变异频率比较低，要想通过体细胞无性系变异得到新的材料就需要做大量的筛选。有学者利用扩增片段长度多态性分子标记（AFLP）技术对观赏植物白蝴蝶和 Regina Red Allusion 的体细胞无性系的变异进行检测，发现它们的变异率分别为 1.2% 和 0.4%。国外有研究将 5 个大蒜品种经愈伤组织培养，由体细胞胚胎发生途径产生再生植株，并对其中 35 株进行随机扩增多态性 DNA 标记（RAPD）分析，发现变异频率随品种而异：两个无性系 Solen White 和 California Late 的变异率接近 1%，另外 3 个无性系 Chineses、Long Keeper 和 Madena 约为 0.35%。有研究将两个菠萝品种 'Kew' 'Queen' 和一个杂交品种 'Kew X Queen' 的腋芽作为外植体进行再生，发现由叶缘和叶肉再生的植株变异频率有差异，'Kew X Queen' 杂种的再生植株变异率较高，并且变异株在田间的表型和经济性状间都有差别。

另外，植株的倍性也是一个重要因素，多倍体和染色体数目较多的植物其变异频率比二倍体和单倍体高。这是因为多倍体染色体组可以缓冲染色体数目变异引起的不平衡，它们的突变体比单倍体和二倍体更易成活。但单倍体和二倍体更利于变异基因的表达。在对二倍体、四倍体和六倍体小麦细胞悬浮培养进行比较后发现，二倍体最稳定，六倍体最不稳定。

3. 培养基

1) 基本培养基

基本培养基的某些成分会使培养物倍性改变。例如，用 MS 培养基或含有一半磷酸盐浓度的 MS 培养基培养胡萝卜细胞，倍性不正常的细胞要比正常二倍体细胞生长占优势。而在仅含有 1/4 氮素的 MS 培养基上继代培养多次，则二倍体细胞的比例又会不断增加。

2）植物生长调节剂

有学者认为生长调节剂可能是起一种诱变剂的作用，但更多的证据表明，它是通过影响外植体在组织培养中细胞分裂、非器官化生长程度及特异细胞类型的优先增殖等过程来引起体细胞无性系发生变异的。另有证据表明，即使不经愈伤组织阶段，生长调节剂的异常浓度也会引起体细胞无性系变异，如油棕及非洲大蕉微体繁殖过程中，过量使用细胞分裂素会引起芽原基异常。2,4-D能增加紫露草雄蕊茸毛变异频率，使其由粉红色变成蓝色，也能提高葱属植物的根尖细胞内姐妹染色单体的交换频率，甚至在无性繁殖作物高凉菜的培养过程中，即使缺乏愈伤组织阶段，但由于使用了2,4-D，也观察到了变异的芽原基。

细胞分裂素可以改变组织培养中细胞变异频率，低浓度下可以降低悬浮培养细胞的倍性变异程度，高浓度下则可以提高多倍体细胞变异频率。在诱导水稻愈伤组织遗传变异的过程中，30mg/L的6-BA比2mg/L的6-BA效果明显。有学者认为，KT和其他培养基成分可能激活了正常休眠的核内多倍体细胞分裂。也有学者研究指出，培养基中生长素与细胞分裂素的比例不同，可改变烟草中不同倍性细胞的比例，这可能是由于生长素与细胞分裂素的比例不平衡产生的。

4. 继代培养时间

长时间的继代培养，会使愈伤组织和细胞的变异频率增加，再生能力降低甚至完全丧失。有研究报道，草莓叶片的愈伤组织经过24周的培养，会完全丧失了再生能力；单冠毛菊经过4个月继代培养，二倍体约占13%，继代培养几年后，倍性变化更丰富，有3x~9x等，其中以偶数倍染色体数目为主的愈伤组织可占细胞群体的60%~70%。有学者研究发现，随着燕麦细胞培养的继代时间延长，异形二价染色体、环形染色体和染色体滞后等异常现象出现频率增加，植株表达这些变异的频率也升高。同时，延长继代时间还会导致水稻叶绿体基因组的染色体片段缺失，这些缺失与质体形态学变异是相关的。这不是培养物衰老导致的，而是培养时间延长，突变连续积累造成的。

此外，再生植株的方式、变温、选择压和外植体的诱变等也会增加体细胞变异的频率。

任务 5-2　设计组培试验方案

工作任务

任务描述：影响组织培养成功的因素有很多，有植物体自身的生理特性，也有外源激素、采用的培养方式以及培养环境等。能否探索出一套最佳的组培生产技术体系，是组织培养的关键所在。试验设计是组培试验方案的核心内容，其主要包括单因子试验、双因子试验、多因子试验3种方法。

针对组培技术研发岗位的工作职责与职业需求，本任务要求能熟练掌握组培试验设计的3种方法，初步掌握组培研发技术，合理选择组培研究的技术路线和试验设计方法，观察分析种苗生产品质，合理开展数据采集与调查分析等。

材料和用具：SPSS、DPS、Excel等统计分析软件。

知识准备

影响组织培养的因素既有内因也有外因。内因主要是植物自身生长发育的特点。虽然一般植物都具有扦插生根、根蘖出芽等营养繁殖的能力，但不同植物的难易程度不同，对环境条件要求也不同。对于能否生根、生根难易等植物自身的内因来说是无法改变的，而组培研究的主要目的是找出最有利的环境条件(外因)。影响组培的外因主要包括以下几类：①外植体(类型、取材部位、采集时期)；②培养基的种类；③激素(种类、浓度、配比)；④添加物及糖(种类、浓度)；⑤pH；⑥温度(高温/低温、恒温/变温)；⑦光照(光培养/暗培养、光周期、光质)；⑧培养方式(固体/液体、静置/振荡)。

针对上述影响因素，先试验什么，后试验什么，就是技术路线的问题。首先要确定的是外植体。最好的外植体是无菌的试管苗，其来源有3条途径：一是从企业、高校或科研单位购买；二是通过技术转让；三是种苗交换。如果没有试管苗，一般以腋芽和顶芽作外植体，最佳的取材时期在春夏之交植物旺盛生长的阶段。对于自己采的外植体，一般可参照以下步骤筛选培养条件：对于自我设计的培养基配方开展试验研究，一般先在空白的MS培养基上过渡一代，然后按相同步骤试验。

1. 组培研究的技术路线

1) 生长素和细胞分裂素

一般以 MS 培养基为基础，首先筛选生长素和细胞分裂素的种类、浓度与配比。生长素和细胞分裂素的浓度范围平均为 0.5~2.0mg/L。一般在增殖阶段细胞分裂素多些，生长阶段生长素多些，生根阶段只加生长素，但组培过程中的特殊情况也较多，应具体情况具体分析。

2) 培养基种类

如果组培苗生长不理想，下一步就要筛选基本培养基。一般保持激素配方不变，比较 MS、B_5、WPM 等不同基本培养基的效果。

3) 糖和其他添加物

一般比较 2%~5%含糖量下培养的差异，如果差异不明显，从节约成本角度考虑选最低含糖量。糖的种类一般选用蔗糖(生产上多用白砂糖)。椰乳、香蕉汁(泥)、水解乳蛋白、水解酪蛋白等有机添加物多在植物枯黄等特殊情况下使用。活性炭、聚乙烯醇(PVP)等无机添加物多在培养材料发生褐化情况下使用。

4) pH 与离子浓度

培养基的 pH 会影响培养物对营养物质的吸收和生长速度。对大多数植物来说，培养基的 pH 控制在 5.6~6.0。特殊植物如蝴蝶兰(pH 5.3)、杜鹃花(pH 4.0)和桃树(pH 7.0)可以稍低或稍高。pH 过高，不但使培养基变硬，阻碍培养物对水分的吸收，而且影响离子的解离释放；pH 过低，则容易导致琼脂水解，培养基不能凝固。一般调节培养基 pH 5.8 就能满足绝大多植物培养的需要。

离子浓度除采用 1/2MS、1/4MS 培养基浓度之外，有时也会对 Fe^{2+} 的浓度做出调整(如培养材料发黄时调整为 2~3 倍铁盐等)。其他离子在选择好基本培养基后，一般不做调整。

5) 温度与湿度

温度不仅影响植物组织培养的生长速度，也会影响其分化增殖以及器官建成等发育进程。温度处理要在不同的培养室进行。原则上培养室温度一般设定在 25(±2)℃范围内。大多数植物组织培养的最适温度在 23~27℃，但不同植物组培的最适温度不同(如百合的最适温度是 20℃，月季是 25~27℃)。一般都采取幅度很小的变温培养，这主要是受到照明发热和四季变化的实际影响。生产单位温度在冬季不低于 20℃，夏季不超过 30℃，均属正常。另外，需要注意的是，同一培养架的上下层之间有2~3℃的温差(上高下低)，放置培养瓶时可充分利用这种客观存在的温差进行调整。

湿度包括培养容器内和培养室的湿度条件。容器内湿度主要受培养基的含水量和封口材料的影响，前者又受到琼脂含量的影响。冬季应适当减少琼脂用量，否则将使培养基变硬，不利于外植体插入培养基和材料吸水，导致生长发育受阻。另外，封口材料直接影响容器内湿度情况，封闭性较高的封口材料易引起透气性受阻，也会导致植物生长发育受影响。培养室的相对湿度可以影响培养基的水分蒸发，一般设定70%~80%的相对湿度即可，常用加湿器或除湿器来调节湿度。湿度过低会使培养基丧失大量水分，导致培养基各种成分浓度的改变和渗透压的升高，进而影响组织培养的正常进行；湿度过高时，易引起棉塞长霉，导致污染。

6) 光照

光照对植物组培的影响主要表现在光周期、光照强度及光质3个方面，对细胞增殖、器官分化、光合作用等均有影响。培养材料生长发育所需的能源主要由外来碳源提供，光照主要是满足植物形态的建成，300~500lx的光照强度即可满足基本需要，但对于大多数的植物来说，2000~3000lx的光照强度比较合适。光周期会影响植物的生长，也影响花芽的形成和诱导。光质对愈伤组织诱导、组织细胞的增殖以及器官的分化都有明显的影响，如百合珠芽在红光下培养8周后，分化出愈伤组织，但在蓝光下几周后才出现愈伤组织；而唐菖蒲子球块接种15d后，在蓝光下培养出芽快，幼苗生长旺盛，而白光下幼苗纤细。

组培研究时，一般先进行光、暗培养的对比试验，然后选择光周期。一般保证12~16h/d的光照时间就能满足大多数植物生长分化的光周期要求。生产上一般不做光质试验，直接用日光灯照明。有条件的话，可用LED灯代替日光灯进行试验。

7) 培养方式

一般采用固体静置培养。液体振荡培养多在胚状体、原球茎等离体快繁发生途径和细胞培养上使用。在一定的pH下，琼脂以能固化的最少用量为准。

2. 组培试验的设计方法

在某种组培苗规模化生产前，必须通过反复试验研究，形成比较完善的技术体系，若边生产边研究，很有可能会给生产带来非常大的市场风险和经济损失。因此，要高度重视组培技术的试验研究，做好组培试验设计。组培试验设计主要包括单因子试验、双因子试验、多因子试验 3 类方法。实际顺序是从多因子试验到单因子试验。

1)单因子试验

单因子试验是指整个试验中保证其他因子不变，只比较一个试验因子不同水平的试验。如含糖量 2%、3%、4%、5% 的试验，pH 5.6、6.0、6.2 的试验等。这是最基本、最简单的试验方法。一般是在其他因子都选择好了的情况下，对某个因子进行比较精细的选择。

2)双因子试验

双因子试验是指在整个试验中其他因子不变，只比较两个试验因子不同水平的试验，常用于选择生长素与细胞分裂素的浓度配比。双因子试验多采用拉丁方设计，如研究 NAA、6-BA 两种因子对薰衣草增殖率的影响时，可以按表 5-1 设计试验。自上而下，NAA 的浓度逐渐升高；自左至右，BA 的浓度逐渐升高；从左上到右下，二者的绝对含量逐渐升高；从左下到右上，NAA 的相对含量逐渐降低，而 BA 的相对含量逐渐升高。通过这样的试验设计，可涵盖 2 种激素的所有可能组合。

表 5-1　双因子试验设计　　　　　　　　　　　　　　mg/L

NAA	6-BA			合计	平均
	1.0	2.0	5.0		
0.1					
0.5					
2.0					
合计					
平均					

3)多因子试验

多因子试验是指在同一试验中同时研究两个以上试验因子的试验。多因子试验设计由该试验所有试验因子的水平组合(即处理)构成。此种方法主要用于对培养基种类、激素种类及其浓度的筛选。多因子试验方案分为完全方案和不完全方案两类，实际多采用不完全实施的正交试验设计。所谓正交试验是指利用正交表来安排与分析多因子试验的一种设计方法，效率高，目前用得最多。例如，采用 4 因 3 水平 9 次试验的 $L_9(3^4)$ 正交试验，可以一次选择培养基、生长素、细胞分裂素、赤霉素众多因子及其水平(表 5-2)，然后通过查正交表确认组合因子及其水平(表 5-3)。

表 5-2 L$_9$(3^4) 正交试验设计　　　　　　　　　　　　　　　　　　mg/L

水平	因子			
	培养基	生长素(IBA)	细胞分裂素(6-BA)	赤霉素(GA)
1				
2				
3				

表 5-3 L$_9$(3^4) 正交试验方案

试验编号	培养基	IBA	6-BA	GA
1	1	1	1	1
2	1	2	2	2
3	1	3	3	3
4	2	1	2	3
5	2	2	3	1
6	2	3	1	2
7	3	1	3	2
8	3	2	1	3
9	3	3	2	1

任务实施

1. 组培信息收集

1) 任务准备

①提前根据任务要求，自学相关理论知识。

②以小组为单位制订组培信息收集计划，设计调查提纲。

2) 任务操作

①在任务实施前检查各组信息收集计划，明确信息收集的注意事项。

②分组利用图书馆、互联网或其他途径收集组培信息。

③分组整理组培信息，提交信息目录。

2. 试验方案的制订

1) 试验设计的基本要点

(1) 确定试验因素

根据研究目的、试验设计方法和试验条件，确定试验因子。单、双因子试验设计的试验因子数是固定的，多因子试验设计一般不超过4个试验因子。

(2)正确划分各试验因子的水平

试验因子分为两类，即数量化因素与质量化因素。质量化因素是指因素水平不能够用数量等级的形式来表现的因素，如光源种类、培养基类型等。

数量化因素在划分水平时应注意：①水平范围要符合生产实际并有一定的预见性。②水平间距(即相邻水平之间的差异)要适当且相等。③数量化因素通常可不设置对照或以0水平为对照。

2)组培试验方案的体例与撰写要求

植物组培试验方案撰写体例如图5-1所示。

```
　　　　　＿＿＿＿试验方案

    1. 前言
    2. 正文
    (1)试验的基本条件
    (2)试验设计
    (3)操作与管理要求
    (4)调查分析的指标与方法
    3. 试验进度安排与经费预算
    4. 落款
    5. 附录
```

图5-1　植物组培试验方案撰写体例

(1)课题名称(题目)

课题名称(题目)要求能精炼地概括实验内容，包括供试作物类型或品种名称、试验因素及主要指标，有时也可在课题名称中反映出试验的时间、负责试验的单位与地点。如"影响组培苗褐化的因素研究""大豆不同器官的组培试验"等。

(2)前言

主要介绍试验的目的意义。试验目的要明确：①说明为什么要进行本试验，引出要研究的问题——试验因素；②试验的理论依据，从理论上简要分析试验因素，以及问题解决的可行性；③对比他人的同类试验方法与结论，以突出自己试验的特色。

(3)正文

①试验的基本条件　试验的基本条件能更好地反映试验的代表性和可行性，主要阐述实验室环境控制与有关仪器设备能否满足植物培养与分析测定的

需要，并适当介绍科研人员构成。

②试验设计　一般应说明供试材料的种类与品种名称、试验因素与水平、处理的数量与名称，以及对照的设置情况。在此基础上介绍试验设计方法和试验单元的大小、重复次数、重复(区组)的排列方式等内容。室内试验的试验单元设计主要写明每个单元包含多少个培养瓶(或试管、袋子、三角瓶、盆)、每个培养瓶的苗数(种子数、组织数)。组培试验一般设计3次重复，要求每个处理接种至少30瓶，每瓶接种1个培养物；或者每个处理10瓶，每瓶接种3个以上培养物。

③操作与管理要求　简要介绍对供试材料的培养条件设置与操作要求。组培试验主要介绍培养基的准备、消毒灭菌措施、接种方法要求、培养室温湿度与光照控制，以及责任分工等。

④调查分析的指标与方法　调查分析的指标设计关系到今后对试验结果的调查与分析是否合理、准确、完整、系统，因此要科学设计调查的技术指标，明确实施方法，从定性和定量两个方面进行设计与观察。一般以一个试验单元为一个观察记载单位，当试验单元要调查的工作量太大，也可以在一个试验单元内进行抽样调查。

(4)试验进度安排及经费预算

试验进度安排主要是说明试验的起止时间和各阶段工作任务安排。经费预算要在不影响课题完成的前提下，充分利用现有设备，节约各种物资材料。如果必须增添设备、人力、材料，应当将需要开支项目的名称、数量、单价、预算金额等详细写在计划书上(若开支项目太多，最好能列表)，以便早做准备，防止影响试验的顺利进行。

(5)落款与附录

写明试验主持人(课题负责人)、执行人(课题成员)的姓名和单位(部门)。附录主要是便于今后具体实施，包括绘制试验环境规划图、制作观察记载表。

考核评价

设计组培试验方案考核评价标准

评价内容	评价标准	分值	自我评价	教师评价
组培研究的技术路线	组培苗生长影响因子分析	20		
	制定合理的技术研究路线			

(续)

评价内容	评价标准	分值	自我评价	教师评价
组培试验的设计方法	掌握单因子试验方法	20		
	掌握双因子试验方法			
	多掌握因子试验方法			
组培试验方案的制订	试验因子的确定	30		
	各试验因子水平的确定			
	试验方案设计科学合理			
实训报告	操作过程描述规范、准确	10		
	取得的效果总结真实详细			
	体会及经验归纳完备、分析深刻			
技能提升	会科学合理设计组培试验方案	10		
	会独立查找资料			
素质提升	培养自主学习、分析问题和解决问题的能力	10		
	学会互相沟通、互相赞赏、互相帮助、团队协作			
	善于思考、富于创造性			
	具有强烈的责任感，勇于担当			

知识拓展

组培信息收集和文献检索

1. 组培信息收集

为了更好地进行组培试验设计，有效开展组培技术研究，通常在试验设计之前尽可能多地收集和分析相关组培信息。收集组培信息时，要坚持针对性、真实性、全面性、系统性和时间性的原则，结合实际情况，选择文献检索法、因特网查询法、现场调查法、阅读收听法等信息收集方法，并且按照信息收集的一般程序操作：①制订信息收集计划；②设计调查提纲和调查表；③信息收集；④分类整理并保存信息资料。注意信息收集时要做好记录，以备查询。一般重点收集的组培信息有以下几方面：①组培对象的学名、品种名、商品名；②外植体的类型与取材时间、部位；③培养基配方；④培养条件；⑤培养效果；⑥移栽驯化条件与基质配比等。

组培信息收集结束后，要对所收集材料进行鉴别、分类、组合、排列和编目，确保信息的准确性、系统性和信息收集质量，为下一步试验设计提供重要依据。

2. 文献检索

1）检索方法

(1) 直接法

直接法是指利用文摘或题录等各种文献检索工具查找文献的方法，这是文献检索中最常用的一种方法。文献检索工具有"书名目录""刊名目录""著者索引""机构索引"等。直接法又分为顺查法、倒查法和抽查法。

①顺查法　顺查法是指按照课题研究的时间顺序，由远及近地利用检索工具进行文献信息检索的方法。这种方法能收集到某一课题的系统文献，它适用于较大课题的文献检索。这种方法费时、工作量较大，但资料丰富和准确率较高。

②倒查法　倒查法是由近及远、从新到旧，利用检索工具逐年进行文献检索的方法。此法适用于新兴的科研课题，重点放在近期文献检索上。与顺查法相比，倒查法比较省时、省力，但可能有漏检现象。

③抽查法　抽查法是指针对项目的特点，选择有关该项目的文献信息最可能出现或最多出现的时间段，利用检索工具进行重点检索的方法。使用抽查法，费时少，查获文献量大，但也有漏检的可能，要求检索者对课题研究的历史情况与特点有较多的了解。

(2) 追溯法

追溯法是指不利用一般的检索工具，而是利用已经掌握的文献所附的参考文献进行追溯查找引文的一种检索方法。这是传统的扩大文献来源最简便的方法。对述评与专著进行追溯，便可大大提高检索效果。这样查到的文献质量高，因为已经过原著者筛选。缺点是查找比较费时，漏检和误检的可能性较大，查到的文献比较旧，一般在缺乏检索工具、收藏文献较多、不要求全的情况下应用。

(3) 综合法

综合法又称为循环法，它是追溯法和直接法两者的结合。即先利用检索工具查出一批有用文献，然后利用这些原始文献所附的参考文献，进行追溯查找，由此获得更多的有关文献。如此分期分段交替循环使用，直到获得满意结果为止。

综合法兼有直接法和追溯法的优点，可以查得较为全面而准确的文献，是实际中采用较多的方法。对于查新工作中的文献检索，可以根据查新项目的性质、特点和检索要求与检索条件，将上述检索方法融合在一起，灵活处理。

2) 检索步骤

(1) 确定检索目标

这是文献检索的首要步骤。任何检索都必须是有的放矢，因此应事先弄清课题要求、明确检索目标，即研究课题所需的情报内容、性质、特点和水平等情况。在分析课题的同时，形成检索所需情报的主题概念，分清主次，力求能够准确反映检索需要。

(2) 确定检索范围

首先，根据主题概念确定检索的学科范围。学科范围应该具体，如检索的主题概念是属于植物生理学方面的，还是植物形态学方面的。若属后者，要弄清是演化比较植物形态学，还是植物机能形态学等。也有可能检索主题概念涉及边缘学科或交叉学科，则又应一一列出。其次，在检索的学科范围确定后，还应当进一步分析文献类型、查找年代和本学科有影响的人物或机构，以便确定文献类型、时间范围、作者或出版机构，以适当途径入手查找，避免盲目性。

(3) 选定检索工具

这是检索程序中的关键性一环，必须特别重视。要选好检索工具，首先必须对各种检索工具有所了解。一般可以直接浏览检索工具室所陈列的全部检索刊物，从中挑选；或者查阅检索工具书指南、教科书，根据介绍进行选择。选择的标准一要专业对口，语种熟悉；二要注意检索工具的质量。好的检索工具，应当具备下列条件：收录文献全，报道条数多、速度快，正文编排分类细，摘录内容质量高，辅助索引完善、及时。

(4) 确定检索方法

检索工具提供有多种途径，究竟采用哪一种途径为好，需要根据前3步要求选择确定。在选择途径的同时，还要选好检索的方法，然后进行具体查找。通过选定的检索途径与方法查获与检索提问相一致的参考号（题录号或文摘号），据此找到正文，仔细阅读，判定文献的内容是否切合课题需要。倘若符合要求，就应详细记下文献著录的项目，并须辨识文献的来源。

(5) 查索原始文献

这是整个检索过程的最后一个步骤。主要应做好以下工作：①将上一步查得的文献线索中出版物缩写名称转换为全称；②将非拉丁语系文字出版物的拉丁字母音译名还原成原名；③查找原始文献收藏单位，办理借阅复制手续。

上述步骤，对于初学检索方法的人来说是必要的。但是，熟悉检索工具和检索方法以后，就可以变通处理。实际进行检索时，往往缩减为分析研究课题、查找文献线索和索取原始文献3个步骤。

任务 5-3　熟悉组培生产经营管理

🏠 工作任务

任务描述：组培生产经营与管理是指植物组织培养技术在种苗生产实践过程中的经营与管理技术，包括组培苗生产的市场调研、种苗生产成本核算和经济效益分析、年度生产计划的制订、降低成本提高经济效益的技术措施等。

本任务主要围绕以下 3 部分内容开展：①制订生产计划，首先要切合实际地分析某种植物的组培快繁生产技术体系，如采用的快繁技术手段，从外植体诱导启动到炼苗需要多少时间、能繁殖多少苗、有多少基数苗，种苗生产过程中的增殖倍数、增殖周期、生根率、变异率、污染率、种苗移栽成活率等技术指标。分析估算的增殖数量要较供应苗数量多一些，略有富余，有择优的余地，但如果估算数量出入过大，将直接影响生产计划。②要准确估算出苗时间、定植时间和供苗时间。每一种植物都有固有的生理现象和最佳生长季节，生产必须满足生理需求，过早定植或过晚定植或与季节不符，都会影响植物的生长发育和销售。在制订生产计划时，要与实际工作量、工作时间相对应，保证供苗及时、苗壮。③做好生产人员、生产设备及耗材的组织与采购工作。根据年度生产计划，合理组织操作人员，强化操作人员业务培训，提高操作人员的劳动效率。根据生产进度安排，及时采购相应耗材。

材料和用具：记录本、计算器、相关案例及资源等。

🌐 知识准备

据不完全统计，植物组织离体再生成功的植物达千种以上，能进行快速繁殖的植物种类也有数百种，但真正能进行商业化生产的并不多，有 100 多种。国内外大多数的试管再生仍停留在实验室阶段，离商业性生产还有一段距离。究其原因，首先是成本问题。生产设备和仪器需要一定投资，维持正常生产的人工费用、水电费、低值易耗品费用等也是相当大的，生产成本比常规方法高。其次是缺乏成熟、完善的生产工艺流程及丰富的生产组织管理经验。试管繁殖理论价值很高，但实际大量生产时，还有许多问题，如转接过程中的污染损失大，成苗率、生根率、移栽成活率等不高，每一步的损失加起来相当惊人。农业生产上按季节提供大量合格苗所需要的技术管理人员和管理经验尚缺乏。再次是受市场制约，一些经济植物、名贵花卉，虽可试管繁殖及大量生产，但存在销路不畅或良种售价低的问题，如国内的脱病毒马铃薯、草莓、果树苗木，与未脱毒的售价相同，经济效益低，限制了商业化生产。最后是试管苗生产性能还不十分清楚，如一些多年生果树，品种试管自根苗结实性尚不清楚，限制了其在生产量的推广应用。这些问题都需要科研工作者不断开发出适合市场需求的新品种、新技术，完善生产工艺流程，降低种苗生产成本。同时，要改善生产经营管理、提高劳动效率、提高经济效益，推动更多植物的商业化微繁生产。

1. 组培育苗生产计划的制订与经营管理

1) 组培育苗生产计划制订的参考依据

无论订单生产还是产品来料繁殖加工生产，首先要制订生产计划。生产计划应符合生产步骤和生产技术要求。在制订计划时要充分考虑到各种可能发生的情况，同时又不能把余地留得太大，以免造成浪费和增加成本，或者不能按订单提供相应的产品。制订生产计划应参考以下几方面。

(1) 制订植物组培快繁生产技术体系

进行植物组培快繁的形式有很多种，如无菌短枝扦插、诱导原球茎、诱导丛生芽、诱导胚状体等，不同植物在组培快繁生产中所采用的技术手段不同。进行某种植物的组培快繁生产，首先要考虑组培种苗定植时间、用苗量；其次从外植体诱导启动到炼苗需要多长时间，在这段时间内能繁殖多少苗；最后确定一种繁殖时间短、成本低、苗量多、种苗健壮、变异率低、定植成活率高的繁殖形式。例如，马铃薯最适宜的快繁形式是瓶内短枝扦插，这种方式繁殖速度快、苗量多、苗健壮、成活率高。

(2) 严格控制生产技术环节

植物组培快繁生产技术体系制定出来后，在实际生产环节中必须按计划完成，每一技术环节环环相扣，不能有任何一点马虎。一旦出现问题，应抓紧处理，不能造成大的损失。例如，外植体诱导中间繁殖体的时间过长，减少了增殖继代次数，不能完成供苗任务；外植体诱导中间繁殖体要达到预期目标（短茎、丛生芽、胚状体），如果达不到预期目标，影响了繁殖体增殖继代的数量，也不能完成供苗任务；如果实际生产中出现大面积瓶苗污染、玻璃化现象或炼苗成活率低等，也会影响苗的质量。这些技术疏忽或不严格控制把握，给生产带来巨大损失。

(3) 保证供苗时间

供苗时间就是种苗定植时间。定植时间的确定，一般根据种植种类及品种的生长周期和种植形式、当地的地理环境和气候条件以及丰产采收时间来确定。例如，蝴蝶兰瓶苗每年3~5月出瓶合适，经18个月栽培管理，在第2年春节前开花上市，给种植者带来较大的收益。但如果出瓶时间过晚，推迟了开花时间，春节前不能开花上市而在春节后开花，既造成生产成本浪费，又得不到经济效益。为了能按预定时间提供种苗，在进行生产计划制订和产量测算时，要与实际工作量留有余地，保证苗好、苗壮，供苗畅通。

(4) 正确估算生产量

正确估算组培苗的增值率，是制订生产计划的核心问题。增殖率估算预测准确率达90%，就能顺利地完成生产任务，若估算数量出入过大，则直接影响生产计划。估算预测要通过全面考虑得出，包括预培养采多少外植体、能产生多少中间繁殖体、中间繁殖体的增殖倍数等，估算的增殖数量要比供应苗数量多一些，略有富余，有择优的余地。有经验的生产企业有专人做组培生产的技术储备工作，对植物组培过程中的每一个技术环节都能准确把握、合理处理，从而准确制订计划，完成生产任务。

2) 生产计划的制订

试管苗的增殖率是指植物快速繁殖中间繁殖体的繁殖率。估算试管苗的繁殖量，一般以苗、芽或未生根嫩茎为单位，而原球茎或胚状体难以统计，一般以瓶为计算单位。要根据市场的需求和种植生产时间，制订全年植物组织培养生产的计划。制订生产计划时需要考虑全面、计划周密、工作谨慎，把正常因素和非正常因素都要考虑进去，这是因为制订出计划后，在实施的过程中，往往容易发生意外，需要特别注意。

(1) 制订某种植物组培生产计划

市场对各种植物都有一定的需求量，但不同植物用苗时间和用苗量都不相同，且每年春、夏、秋、冬各季都有定植时间，不同时间用量不同，因此要针对某种植物专门制订组培生产计划。

(2) 制订全年组培生产计划

一个植物组培种苗工厂若能生产各种各样的植物种苗，并且全年生产、周年供应，就要对全年的组培生产能力进行一个量的估算。

3) 实施生产计划

生产计划容易做，但实施过程中一旦有疏忽，无论是技术还是工作方面的失误，都会对生产造成损失，且由于使客户错过种植时间、影响收益，还要对客户要进行经济赔偿，否则就会失去企业信誉。生产计划的实施，必须做好以下几方面工作。

(1) 生产管理实行责任制

生产计划制订后,需要确定管理人员、生产人员,实行责任制管理。责任人要签订责任协议,确保生产管理有保障,生产技术有保障,生产人员安全措施有保障。责任人要明确责任权限,将工作中的每一个环节分解到人、落实到人,层层分解、层层落实,明确每人的岗位职责和任务,使每人都有自己的生产目标。建立工作制度,明确奖罚制度,使每位工作人员感到责任的重大,必须按时保质保量地完成任务。

(2) 生产技术专人负责

根据计划设计生产技术路线,技术负责人对生产计划负总责,从任务下达,到技术环节的检查,直至任务完成,要全面负责。每个生产环节要安排专人定岗、定责、定任务、定技术管理,如有问题随时向总负责人请示,从外植体的选择、消毒、无菌培养物的建立→培养基配方拟定→诱导中间繁殖体和增殖培养→生根培养→试管苗出瓶移植→定植,负责人随时随地对生产进行全面监控、检查。尤其是某些植物在培养过程中易发生褐变、黄化、玻璃化、生长速度慢的现象,应及时找出原因及时解决。要明确每一个环节都非常重要,任何一个技术环节处理不当,就会影响整个生产的完成。

(3) 出苗时间、定植时间和生长季节相吻合

每一种植物都有固有的生理现象和最佳生长季节,生产必须满足生理需求,过早定植或过晚定植或与季节不符,都会影响植物的生长发育和收获。例如,草莓在山东多数采取保护地栽培,组培种苗在12月出苗定植,第2年春天生产匍匐茎,每株能生产80~120株匍匐茎;8~9月将匍匐茎5℃冷藏30d左右;春化生理完成后,在保护地按生产草莓株行距定植;10月覆盖塑料薄膜保温;元旦前后草莓上市,效益非常高。蝴蝶兰在北方地区采取养护栽培,一般在春季4~6月出瓶上盆,逐渐由小到大换盆养护;第2年春节前开花上市。如果延后出瓶或者养护温度达不到25℃,蝴蝶兰不能完成生理生长发育要求,春节前就不能开花上市,若在春节后3~4月开花,即影响了年宵花市场的经济效益。蝴蝶兰在福建、海南、广西等地栽培时虽然温度能提到保证,但要考虑它的生长时间以防影响合理的上市时间。

4) 组培生产经营管理

(1) 主营产品的确定

试管繁殖出的产品,能不能快速进行销售,或很快投入生产,取决于该产品是否是社会急需。如果产品对路、销售畅通,那么效益就显著。例如,美洲商业性组培室,看准市场对观叶植物需求量迅速增加、而消费者自己不能繁殖

的特点,加快了对波士顿蕨(*Nephrolepis exaltate* '*Bostoniensis*')的快繁生产,仅1985年就生产3.25亿株,接近观叶植物总产量的一半,最终经济效益可观;韩国一个商业性实验室分析了市场对花卉的需求情况,大力推动兰花及切花等花卉生产,生产市场急需的兰花,一年内生产30万苗木,盈利6.58万美元,而同时他们也分析发现观叶植物市场较小,则停止了这方面的生产,减少了不必要的损失;近年来国内市场对观赏百合的需求剧增,各厂家应大力发展生产。

(2)产品质量的保证

产品想要在强手如林的市场中存活,一定要坚持质量第一、信誉第一。秉持对用户负责、为生产着想的原则,坚持真正为社会服务。繁殖出的试管苗品种应是优良、稀缺品种,品种纯度要高,保证无病虫,定植后成活率高,才能取得良好的市场信誉。

(3)产品推广示范

目前人们对试管苗生产性能尚缺乏了解,应尽早把所繁殖的优良、稀缺、名贵品种,或新引进品种,或脱毒苗等及早定植,并进行多点试验和实物示范,这对推广和销售试管苗,有着积极意义。

(4)人才和技术储备

组织培养一般技术并不复杂深奥,容易学会,但要试验一种新的植物时,时常要做大量系统的研究,这就要求具备一定的理论基础和实际操作技术,才能解决众多的难题。因此,在进行生产的同时,还要做好试验研究,以贮备技术,适应市场的需要和变化。

(5)建立良好的管理制度

实行承包、计件工资制度,改善经营管理,使试管苗快繁不断持续向前发展。

2. 组培育苗生产成本核算

1)成本核算的意义

(1)了解生产中各项耗费情况

为了保证试管苗再生产的顺利进行,生产中的各项耗费,必须及时合理地加以补充。由于产品成本是衡量生产消耗的一把尺子,只有正常计算成本,才能确定从产品收入中拿出多少来补偿生产的消耗。同时只有正确的计算产品的成本,才能准确计算当年的盈利。如有的单位,培养室很大,而培养材料不多,靠电加温来控制温度,结果所消耗的电费相当惊人,得不偿失,从而也就无法盈利。因此,必须进行成本核算。

(2) 反映经营管理工作质量

如固定资产是否充分利用,物质消耗是否超支或是节约,管理水平、劳动生产率的高低等,都会直接或间接地在产品成本这一经济指标中反映出来。根据成本指标的分析,可揭示经营管理的各个方面,抓薄弱环节,为改进管理提供信息。通过成本计划和日常成本控制,可以有效地防止各种浪费。因此,加强成本管理是全面改善经营管理的极其重要环节。

(3) 促进生产单位注意各项技术措施的经济效果

根据对试管苗生产过程中不同措施下效果和消耗的对比,得出单项措施和综合措施的经济效果,从而帮助生产单位做出最好的技术决策和选择最优的技术方案,这样既能促进产品的增加,又能提高投资的效益。

(4) 制定产品价格的依据

试管苗刚进入商品生产,由于未进行成本核算,一些单位不知道怎样确定价格,不是要价过高,就是降得过低。试管苗成本是确定价格的最低界限,首先要保证够本,同时还应保证生产单位有一定盈余。要完成商品化过渡,必须进行成本核算和成本管理,只有这样才能有效地节省开支,增加收益。

2) 成本核算的方法

植物组织培养工厂化育苗生产成本包括直接成本和间接成本两大类。在计算利润时还需要考虑期间费用。

(1) 直接成本

直接成本是直接用于试管苗生产的各项费用,包括化学试剂、有机成分、植物激素、蔗糖、琼脂、农药、化肥、水电费、种苗费以及生产人员工资、各种办公费用、奖金、津贴、福利、补贴等。

(2) 间接成本

间接成本是不能直接计入生产成本,只有按一定标准进行分摊后才能计入产品生产成本的费用,包括仪器、设备、房屋、温室、塑料大棚、玻璃器皿、金属器械、花盆、基质、塑料袋等折旧消耗,以及间接人员的工资、福利、补贴等。

(3) 期间费用

期间费用是为了组织管理生产经营活动而发生的各项费用,应按发生时间和实际发生额确认,计入当期损益。

①销售费用　是销售产品或提供劳务所发生的各项费用,如销售过程中发生的运杂费、保险费、展览费、广告费、销售人员工资等。

②管理费用　是为组织生产所发生的费用,包括管理人员工资、职工教育

培训费、劳保费、招待费、车船使用税、技术转让费、无形资产摊销、存货盘亏等。

③财务费用　是为筹措资金而发生的支出，包括利息支出、汇兑损失及有关手续费等。

3. 降低生产成本、提高经济效益

通过成本核算和试管苗实际生产的效益计算，一些单位反映成本偏高、效益不好。因此，如何降低试管苗的生产成本、提高经济效益，是试管苗能否持续应用于生产的首要问题。

①提高劳动生产率、节约人工费用　植物试管繁殖工艺过程较为复杂且费工，国外人工工资占试管苗总成本的70%，成为国外实际应用的一大障碍。因而国外正大力研究组培过程的自动化和机械化操作，以替代昂贵的人工。日本研究出一种能区分材料优劣的机器人，每15s转接1个芽，现已投入生产，但成本增高。同时试管种苗商也利用发展中国家的廉价劳动力，合资办厂或收购种苗。泰国生产的兰花试管苗售价仅为2.5铢（折合约0.104美元），是日本兰花苗售价的31.3%~41.7%，其主要原因是人工费用较低。国内生产中人工费用占总成本的25%~40%。因此如何提高劳动生产率、节约人工费用是一个应密切重视的问题。工作人员操作熟练，既快又准确，污染率还低，一般工人每人每天生产100~250株试管苗并非难事。因此，实行岗位责任制、定额管理、计件工资、个人或家庭承包是降低成本、提高劳动生产率的有效措施。

②减少设备投资，延长使用寿命　试管苗生产需要一定的设备投资，少则数万元，多则数十万元。除了应购置一些基本设备外，可购可不购的不购、能代用的就代用，如用精密pH试纸代替昂贵的酸度计。一个年产木本植物3万~5万株苗、草本植物10万~20万苗的试管苗工厂，有一个无菌工作台就够了。经常检修、及时保养，可有效避免损坏、延长寿命。这是降低成本提高经济效益的一个重要方面。

③降低器皿消耗，采用代用品　试管繁殖中用到大量培养器皿，少则数千、多则上万，加上这些器皿易损耗，故费用较大。培养室中日光灯管的更换，也是一项大的开支。减少这些易耗品的损坏、采用廉价代用品、延长使用寿命是降低成本的一项重要措施。

④节省水电开支　水电费特别是电费在试管苗总的生产成本中占有较大比重，少则占1/8、多则占1/3，有报道占比高达2/3的。因此，节省水电开支也是降低成本的有效方法，主要可采用的方法如下。

尽量利用自然能源。试管苗增殖生长和发根均需在一定温度和一定光照下进行，维持这样的温度和光照不一定全要电能。应尽量利用自然光照和自然温度。陶国清研究发现马铃薯茎尖培养在气候适宜条件下（10~30℃）用太阳散射光培养试管苗，比用人工光照培养得更健壮。培养室可建成自然采光的节能培养室，或加大窗户，以节省电能。

充分利用培养室空间。培养室在北方要加温，在南方夏季要降温，控制一定的温度需要消耗大量的电能，故培养室一是不要建得太大，二是合理安排培养架和培养瓶，充分利用空间。

减少水的消耗。配制培养基要求用无离子水，经一些单位试验证明，只要所用水含盐量不高，pH能调至5.8左右，就可以用自来水、井水、泉水等代替无离子水或蒸馏水，以节省一部分费用。但须经过试验，证明对试管苗繁殖生长没有影响才能使用。

节省电能。电费高的地方可改用锅炉蒸汽、煤炉、煤气炉或柴炉等进行灭菌，可因地制宜地选用，以降低费用，节省开支。

⑤降低污染率，减少次品，杜绝废品　试管繁殖过程中，不可避免地会产生污染，一般进行正式生产时污染率都应控制在5%以内，尤其是试管繁殖的前期更应予以重视。有学者通过研究非洲菊和灯台花繁殖的6万株试管苗发现，若在第一阶段发生污染，一年时间内，由中低污染率造成的损失为0.412万美元，而高污染率则造成损失2.756万美元。污染严重影响繁殖速度、增加成本，实际生产中应当把污染降到最低限度。

外地引进的试管苗，由于途中运输瓶口及棉塞往往积落灰尘和孢子，应仔细用70%乙醇擦拭2次，接种时再烧瓶口1次，否则易污染。珍贵材料、刚引入的材料，以及刚获得的无毒材料，为防止污染，应用小的培养瓶，每瓶转接一芽。虽然表面上用的培养瓶变多，成本增加，但这是最有效地防止稀缺材料污染损失的可靠途径。

进行商品化生产，必须提供高质量的试管苗和合格成品苗，这也是降低成本和提高效益的一个方面。鉴于目前试管苗商品化生产处于起步阶段，能提出具体质量标准的很少，若无质量标准可以参考常规方法提供的种属、种苗标准来制定。果树苗木、经济林木种苗标准，可参照一般苗木标准来制定，在保证品种纯正、原有良种特性不变、无病虫的基础上，规格要比常规低1~2个等级。

试管繁殖的特级苗和一级苗比例高，其经济效益大，反之则低，因为试管苗各个级别的苗木成本基本一样，但商品价值则相差很大。因此试管繁殖过程中，应采用加速生长方法，尽量提早入圃，在无霜期短的地方，还需采用铺膜、扣棚方式，延长生长。如是无毒苗，还应做好防护措施防止再感毒，争取一级苗达80%以上，并杜绝废品苗，把次品苗降低到最低限度。

⑥提高繁殖系数和移栽成活率　在保证原有良种特性的基础上，尽量提高繁殖系数，这是降低成本、提高效益的又一有力措施。一般对繁殖系数的理论值计算都很高，但实际达不到。例如，对比先锋葡萄品种一年繁殖的理论计算和实际生产数据发现，一株试管苗理论上一年可繁殖$1×3^{12}$，即53万多株苗，但实际只繁殖出3.1万株，仅达到理论值的6%。其中污染累加4074株，特别是早期污染，理论上，造成减少繁殖20.6万株。出售、转让、试验用试管苗2423株，理论上又减少繁殖22.2万株。到移栽时用于移栽又减少繁殖5.2万株。更重要的是当繁殖到一定数量时，会受到设备、容器和人力等的限制。在前5个月苗数少的时候，理论值和实际值还比较接近，如第5个月理论上应是$1×3^5=243$（株），但实际已达到309株；第8个月理论上应有$1×3^8=6561$（株），但实际上只有972株；第10个月应有59 049株，但实际仅为9275株，此时容器已饱和，很难再增加。此时即进入移栽，不断循环。如果要达到理论值的53万株苗，仅培养瓶就需要17万个，这显然是不大可能的，所以繁殖到一定数量时，设备成了最大的限制因子。适当增添设备，加快生产周转，充分利用设备、器皿，以及降低污染特别是早期污染的方式，是提高繁殖系数的有效措施。

除了加快繁殖速度外，提高生根率和移栽成活率也是一个关键因素。繁殖快，而生根率不高，若移栽成活率又低，则总的成苗就少。例如，繁殖出的嫩茎转入生根培养基时只有40%生根，生根苗移栽成活率仅50%，再加上出圃等又损失5%，这样最后才得到19%的成苗率，损失了80%以上的试管苗，成本就增加4倍。木本植物试管苗移栽成本较高，占总成本的55%~73%，在移栽上如何简化手续、降低成本、提高成活率是未来的重要研究方向。

⑦简化培养基　尽管培养基利用的化学药品种类较多，但在整个试管苗成本中所占比例不大，从生产实例中可看出，除黑穗醋栗外，其他培养基所占比例均不高于10%。君子兰虽超过10%，但这是因其培养时间长，要一年才能成苗。葡萄试管苗使用的培养基简单，成本占比还不到3%。黄铭枢等核算倒挂金钟试管繁殖培养基成本发现每株不足1分。但从节省成本、降低能耗的角度来看，还应考虑简化培养基。培养基中各成分的费用，是按琼脂、糖、植物激素、大量元素、有机成分和微量元素顺序依次降低。陶国清等培养马铃薯切段繁殖时发现除去有机成分、微量元素，用食用糖代替化学纯蔗糖，对幼苗生

长无太大影响,有关可用白糖代替蔗糖的效果已为许多试管繁殖所证实。培养基中成分能否减去要通过试验来证实,若无显著影响可以省掉。也可减少琼脂或用滤纸桥、液体浅层培养,以代替较贵的琼脂。谭文澄用液体浅层法培养非洲紫罗兰,转移较大丛生苗或已适于生根的较大单株,发现增殖速率提高,可缩短周转期,节约培养基成本,还减轻了洗瓶子的劳动。黄铭枢等发现,用自来水代替蒸馏水、白糖代替蔗糖,倒挂金钟愈伤组织刚转移的前两周,分泌出的物质比原培养基多,生长也慢,但仍能分化小苗,继代1个月后,就同原培养基相同了。

⑧发展多种经营,开展横向协作 为了充分利用设备,使忙季和淡季工作均衡,应发展多种植物试管繁殖,如发展多种花卉生产,或者花卉、果树、经济林木、药材等多种作物结合起来,以主带副,做成一个综合性的试管苗工厂,也是降低成本提高经济效益的有效途径。

为了更好地发挥快速繁殖技术的效益,必须加强与其他生物技术部门的协作或结合,如去病毒或病毒鉴定、有益突变体的选择、种质保存。同时加强与常规育种、选种、栽培等方面的结合或合作,使之在多方面发挥效益。还可加强与科研单位、大专院校、生产单位的合作,采取分头生产和经营,相互配合,既发挥了优势,又减少了一些投资。

任务实施

1. 制定种苗生产技术体系

合理确定外植体诱导数或现有母瓶基数、诱导或培养周期、增殖倍数、污染率、生根率、变异率、移栽时间,移栽管理技术、移栽成活率、出苗时间、出苗合格率等技术指标体系。

1) 估算中间繁殖体数量

一年可繁殖的试管苗数量可通过公式计算得出,计算公式如下:

$$Y = m \times x^n \tag{5-1}$$

式中　Y——年生产量;

n——年增殖周期;

x——每周期增殖倍数;

m——每瓶母株苗数。

2) 估算全年种苗生产量

$$全年生产量 = 全年出瓶苗数 \times 炼苗成活率 \tag{5-2}$$

3）估算合格供苗数量

$$供苗数量 = 全年生产量 \times 种苗培育合格率 \qquad (5-3)$$

2. 组培苗成本核算与效益分析

1）计算直接成本

直接成本包括各类药品费、水电费、种苗费、办公费和生产人员工资、津贴、补贴等。

2）计算间接成本

间接成本包括各类设施设备、低值易耗品的折旧费用，以及间接人员的工资、津贴、补贴等。

3）效益分析

$$生产成本 = 直接成本 + 间接成本 \qquad (5-4)$$

$$利润 = 产品销售收入 - 生产成本 - 期间费用 \qquad (5-5)$$

考核评价

熟悉组培生产经营管理考核评价标准

评价内容	评价标准	分值	自我评价	教师评价
组培生产计划制定	合理制定组培生产技术体系	20		
	种苗生产量估算科学有效			
组培育苗成本核算	正确认识组培生产成本	20		
	成本核算切合实际			
降低生产成本，提高经济效益措施	降低直接生产成本方法	30		
	降低间接生产成本方法			
	熟悉其他降低生产成本、提高效益方法			
实训报告	操作过程描述规范、准确	10		
	取得的效果总结真实详细			
	体会及经验归纳完备、分析深刻			
技能提升	会合理测算生产成本，降低成本，提高经济效益	10		
	会独立查找资料			
素质提升	培养自主学习、分析问题和解决问题的能力	10		
	学会互相沟通、互相赞赏、互相帮助、团队协作			
	善于思考、富于创造性			
	具有强烈的责任感、勇于担当			

知识拓展

植物组织培养商业化生产

植物组织培养快速繁殖最重要的用途是进行植物的商业化生产，即将植物无性繁殖从田间移入室内，以每年数万倍、数十万倍，甚至数百万倍的速度繁殖植物，进行商业化销售。植物组织培养的商业化应用始于20世纪70年代的美国兰花工业，80年代已被认为是能够带来经济利益的产业。目前，世界上已建立了许多大中型植物组织培养商业化公司，实现了植物生产的工厂化。

1. 商业化生产规模的确定

商业化生产规模的确定，应以市场需求为标准，否则，试管苗难以销售，将造成经济损失。外植体的诱导、器官形成及增殖、试管苗生根培养等生产过程均是在无菌条件下进行的，因此，在确定商业化生产规模后，判断是否能够达到该生产规模的标准又是以无菌工作台和培养架的数量来衡量的。一般情况下，一个单人无菌工作台可按年生产50万株左右的苗量来计算，一个 1.2m× 0.6m×2.0m 的6层培养架可年繁殖试管苗 1.5万~2万株。因此，规划一个年生产量达100万株的植物组织培养生产工厂，需设置3~5个无菌工作台，培养架40~50个。

2. 商业化生产车间及配套设施

植物组织培养商业化育苗既有工业的特点，又有农业的特点。不同的商业化生产车间布局差异较大，要根据已确定的生产规模和组织培养的生产程序，尽量布局合理生产车间应，使生产程序能连续、有效地进行。

商业化生产车间每天都有上万株试管苗出瓶移栽，因此，相应配套设施应包括过渡培养室、露地炼苗场及栽培温室。过渡培养室可建成较先进的光、温、湿可调控温室，内装喷灌设施和可移动苗床。过渡培养室锻炼的试管苗有些可直接进入市场，有些还需移入露地炼苗场做进一步驯化培养，以提高成活率。露地炼苗场可以是完全露天，也可以建遮阴棚或防雨棚。露地炼苗场既是二次过渡培养场地，也是种苗等待进入市场的存放地，其面积的大小视需要而定。此外，有时还需要建温室，进行小苗的栽培生产。

3. 试管苗增殖率的估算

试管苗的增殖率多数以芽或苗为单位，但原球茎或胚状体因难以统计，多以瓶为单位。增殖率的计算有理论计算和实际计算两种方法。增殖率的理论值是指接种一个芽或一块增殖培养物,经过一段时间培养后得到的芽或苗数。增殖率的实际值是指接种一个芽或一个苗,经过实际繁殖周期,得到的实际芽或苗数。例如,一株葡萄试管苗,理论上一年可繁殖53万株,但实际繁殖株数为3.1万株。一株马铃薯试管苗,理论上一年可繁殖150万株左右,但实际繁殖株数仅为40万株左右。造成实际增殖数与理论增殖数出现很大差异的原因是:①污染淘汰;②出售、转让和实验所用;③移栽死亡;④培养容器等设备的限制。试管苗实际增殖率的计算则需要在生产实践中,通过经验的积累而获得。

4. 生产计划的制定和实施

商业化生产计划的制定是依据市场对试管苗的种类、品种及数量的需求和趋势,以及具备的生产条件和规模来确定的。首先应提出全年销售目标,再根据实际生产中各个环节的消耗,制订出相应的全年生产计划,一般生产数量应比计划销售的数量增加20%~30%。生产日期则根据销售计划拟定。刚出瓶的试管苗不能成为商品苗出售,所以试管苗的出瓶日期应比销售日期提前40~60d。当然,根据市场需求制定的生产计划在实际生产过程中还应根据市场变化及时调整,促进试管苗的适时生产和有效销售。

生产计划一旦确定下来后,就要按照种苗生产流程稳步实施:①准备繁殖材料。繁殖材料必须是来源清楚、无检疫性病害、无肉眼可见病毒症状、具有典型品种特性的优良单株或群体。需培育无病毒种苗的,当外植体增殖形成5~10个繁殖芽或苗时,要及时进行品种危害性病毒检测,淘汰带病毒材料。②合格繁殖材料的快速增殖。要合理控制试管苗的增殖数量,增殖瓶数过多,易产生人力和设备不足,增殖材料积压并老化,影响种苗质量和移栽成活率,增加生产成本;反之则造成母株不足,延误供苗时期,不能完成生产计划,造成经济损失。

5. 产品质量监控

商业化生产的试管苗需进行产品质量的跟踪监控,如接种状况、污染率、生长情况、生根苗数量、出瓶苗质量等,并建立试管苗出瓶标准。根据出瓶苗的质量等级、移栽的气候条件,估算移栽成活率,并以估算结果为依据,控制和调整生产节奏及进度。

巩固训练

1. 污染问题是组织培养中需解决的首要问题，试述在组织培养操作环节中，如何降低接种污染率。

2. 什么是褐化现象？解决褐化现象的主要方法有哪些？

3. 什么是玻璃化现象？解决玻璃化现象的主要方法有哪些？

4. 组培苗产生变异的因素有哪些？应采取什么措施减少变异的产生？

5. 效益是企业的生命，试述在植物组织培养工厂化生产中，如何降低生产成本，提高经济效益。

6. 在植物组培中，植物通常通过哪些方式实现植株再生？试述在植株分化过程中，有哪些因素的作用是极为明显的。

参考文献

白玉娥,乌日罕,代金玲,等,2019.杨树组织培养研究进展[J].安徽农业大学学报,46(3):466-470.

曹春英,2006.植物组织培养[M].北京:中国农业出版社.

曹春英,任术琪,丁世民,等,2001.冬枣试管苗驯化及移植条件研究[J].落叶果树(2):10-11.

曹孜义,刘国民,2002.实用植物组织培养技术教程[M].兰州:甘肃科学技术出版社.

陈双越,2019.人参组培体系建立研究[D].延边:延边大学.

陈春,2015.红掌'香妃'组织培养与快繁技术[J].亚热带农业研究,11(4):254-257.

陈春,2021.蝴蝶兰'红箭'组织培养快繁技术[J].福建林业科技,48(2):63-67.

陈忠辉,2002.农业生物技术[M].北京:高等教育出版社.

陈正华,1986.木本植物组织培养及其应用[M].北京:高等教育出版社.

陈世昌,2011.植物组织培养[M].重庆:重庆大学出版社.

陈菁瑛,蓝贺胜,陈雄鹰,2004.兰花组织培养与快速繁殖技术[M].北京:中国农业出版社.

陈斌,2015.葡萄茎尖培养脱毒与快繁技术研究[D].长沙:湖南农业大学.

程广有,2001.名优花卉组织培养技术[M].北京:科学技术文献出版社.

程家胜,2003.植物组织培养与工厂化育苗技术[M].北京:金盾出版社.

蔡文燕,肖华山,范秀珍,2003.金线莲研究进展综述[J].亚热带植物科学,32(3):68-72.

崔德才,徐培文,2003.植物组织培养与工厂化育苗[M].北京:化学工业出版社.

崔俊茹,陈彩霞,李成,等,2004.美国红栌的组织培养和快速繁殖[J].植物生理学通报(5):588.

崔凯荣,邢更生,周攻克,等,2000.植物激素对体细胞胚胎发生的诱导与调节[J].遗传,22(5):349-354.

邓秀新,胡春根,2005.园艺植物生物技术[M].北京:高等教育出版社.

邓渊, 2018. 两个草莓品种茎尖脱毒快繁体系的建立[D]. 呼和浩特：内蒙古农业大学.

丁世民, 王泽宇, 2011. 不同品种菊花组织培养比较研究[J]. 北方园艺(23)：101-104.

丁依, 巩彦酉, 欧品莉, 等, 2018. 杨树组织培养研究综述[J]. 天津农业科学, 24(11)：82-85.

杜兆伟, 郑唐春, 李爽, 等, 2015. 小黑杨快繁与再生体系的优化[J]. 植物研究, 35(6)：904-907, 914.

冯宁, 2021. 不同培养基成分对蝴蝶兰组织培养褐化的影响[J]. 特种经济动植物, 24(3)：15-17.

郭勇, 2004. 植物细胞培养技术与应用[M]. 北京：化学工业出版社.

郭奕明, 杨映根, 郭毅, 等, 2003. 落叶松体细胞的胚胎发生[J]. 植物生理学报, 39(5)：531-535.

郭月玲, 2010. 我国草莓组织培养生产研究现状及前景[J]. 浙江农业科学, 6：1211-1215.

龚明霞, 2010. 观赏凤梨组织培养快繁技术研究进展[J]. 广西农业科学, 41(5)：412-415.

龚明霞, 2011. 观赏凤梨高效离体快繁影响因素的研究[J]. 广西植物, 31(5)：684-689.

贺爱利, 刘艳杰, 黄海帆, 等, 2010. 樱花组织培养研究进展[J]. 河南农业, 7(下)：53-54.

侯玉杰, 2005. 菊花的组织培养研究[J]. 信阳师范学院学报(自然科学版), 18(3)：323-325.

何炎明, 1992. 红星凤梨的组织培养[J]. 植物生理学通讯, 1：53

霍辰思, 樊新萍, 刘伟, 2020. 草莓病毒病、脱毒技术及病毒检测研究进展[J]. 果树资源学报(4)：66-71.

黄文彬, 董晓鸣, 2018. 非洲菊切花采后生理及保鲜技术研究[J]. 现代园艺(9)：11-12.

黄晓玲, 2019. 现代月季组培技术育种研究进展[J]. 绿色科技(6)：99-101.

黄健秋, 卫志明, 1995. 针叶树体细胞胚胎发生的研究进展[J]. 植物生理学通讯, 31(2)：85-90.

黄烈健, 王鸿, 2016. 林木植物组织培养及存在问题的研究进展[J]. 林业科学研究，29(3)：464-471.

黄钰桥，周文超，陈智勇，2021. 大花蕙兰组织培养技术研究[J]. 现代农业科技(22)：91-93，97.

洪岚，叶万辉，沈浩，等，2005. 薇甘菊组织培养及体细胞胚胎发生的研究[J]. 浙江大学学报(农业与生命科学版)，31(5)：572-578.

胡琳，2000. 植物脱毒技术[M]. 北京：中国农业大学出版社.

胡梅香，马晓波，张俊，等，2018. 红掌气生根组织培养技术研究[J]. 现代农业科技(9)：175，183.

加古舜治，1987. 园艺植物器官与组织培养[M]. 郑州：河南科学技术出版社.

贾彩凤，李悦，瞿超，2004. 木本植物体细胞胚胎发生技术[J]. 中国生物工程杂志，24(3)：26-29.

吉训志，秦晓威，胡丽松，等，2019. 木本植物组织培养[J]. 热带农业科学，39(4)：33-40.

李明军，2004. 怀山药组织培养及其应用[M]. 北京：科学出版社.

李浚明，2000. 植物组织培养教程[M]. 北京：中国农业大学出版社.

李云，2001. 林果花菜组织培养快速育苗技术[M]. 北京：中国林业出版社.

李健，连勇，2009. 植物细胞与组织培养技术研究[M]. 北京：中国科学技术出版社.

李杉，戴若兰，秦芝，等，2001. 枸杞体细胞胚发生过程中Ag^+对痕量金属离子吸收的影响[J]. 实验生物学报，34(2)：127-130.

李明，王树香，冯大领，2011. 植物体细胞胚发生及发育研究进展[J]. 中国农学通报，27(3)：237-241.

李立群，徐淑兔，李春莲，2020. 影响"植物组织与细胞培养"实验的关键因素探析[J]. 农业技术与装备(4)：7-9.

李振唐，曾培玉，李凤玉，1990. 植物激素和精胺对文竹组织培养生根的影响(简报)[J]. 植物生理学通讯(1)：42-44.

李艳敏，孟月娥，赵秀山，等，2008. '红叶樱花'的组织培养和快速繁殖[J]. 植物生理学通讯，44(6)：1163-1164.

李艳，王青，王火旭，等，2001. 微型月季组织培养试管苗移栽试验[J]. 辽宁师范大学学报(自然科学版)，24(3)：306-307.

李永丽，周洲，范晶超，等，2012. 杨组培再生体系建立[J]. 西北林学院学报，27(6)：83-87.

刘青林，2003. 花卉组织培养[M]. 北京：中国农业出版社.

刘克林，岳涵，贺国鑫，等，2020. 红掌组织培养技术体系的建立[J]. 绿化与生活(12)：49-51.

刘育含，翟玉莹，2022. 园艺植物组培育苗技术探析[J]. 广东蚕业，56(1)：82-84.

刘庆昌，吴国良，2003. 植物细胞组织培养[M]. 北京：中国农业大学出版社.

刘仲敏，林兴兵，杨生玉，2004. 现代应用生物技术[M]. 北京：化学工业出版社.

刘忠荣，洪波，2004. 培养因素对菊花组织培养的影响[J]. 广西农业科学，1：19-21.

刘峰，阮盈盈，林立，等，2020. 樱花组培快繁体系建立及优化的研究[J]. 浙江农业科学，61(11)：2281-2284.

罗晓青，吴明开，等，2011. 珍稀药用植物金线莲研究现状与发展趋势[J]. 贵州农业科学，39(3)：71-74.

罗晓锋，2008. 葡萄组培脱毒快繁技术研究[D]. 福州：福建农林大学.

梁俊香，尹振君，2009. 非洲菊的组织培养[J]. 江苏农业科学(3)：45-46.

冷天波，李乐辉，柴德勇，等，2011. 樱花组织培养育苗技术[J]. 河南林业科技，31(3)：53-54，56.

吕守芳，张守攻，齐力旺，等，2005. 日本落叶松体细胞胚胎发生的研究[J]. 林业科学，41(2)：48-52.

汤浩茹，王永清，任正隆，2000. 核桃体细胞胚发生与转基因研究进展[J]. 林业科学，36(3)：102-110.

梅家训，丁习武，2003. 组培快繁技术及其应用[M]. 北京：中国农业出版社.

闵首军，2012. 葡萄组培脱毒快繁技术研究[J]. 农学学报，2(10)：55-57.

米晓洁，荣松，2018. 大花蕙兰组织培养繁殖技术研究[J]. 花卉(4)：25-26.

潘瑞炽，2003. 植物组织培养[M]. 广州：广东高等教育出版社.

彭芳芳，2019. 草莓脱毒技术研究进展[J]. 南方农业，13(25)：32-35.

彭筱娜，2007. 观赏凤梨离体快速繁殖技术的优化与抗寒突变体的筛选[D]. 长沙：湖南农业大学.

裘文达，1986. 园艺植物组织培养[M]. 上海：上海科学技术出版社.

秦静远，2014. 植物组织培养技术[M]. 重庆：重庆大学出版社.

冉懋雄，2004. 中药组织培养实用技术[M]. 北京：科学技术文献出版社.

卢翠华，邸宏，2009. 马铃薯组织培养原理与技术[M]. 北京：中国农业科学技术出版社.

陆颖伟, 吴伟欣, 周根余, 2006. 红叶石楠的组织培养[J]. 上海师范大学学报(自然科学版), 35(2): 62-66.

任惠, 陈冠南, 王宏, 等, 2013. 不同培养基对大花蕙兰组织培养和快速繁殖的影响[J]. 中国热带农业(4): 58-60.

宋艳梅, 张天锡, 王文全, 等, 2019. 组织培养技术在中药资源保护和开发利用中的应用[J]. 西北中医药, 32(2): 135-138.

宋思扬, 楼士林, 2003. 生物技术概论[M]. 北京: 科学出版社.

宋跃, 张含国, 李淑娟, 2016. 落叶松胚性愈伤组织诱导与未成熟胚形态的关系[J]. 东北林业大学学报, 44(4): 25-30.

师春娟, 韩云花, 于永明, 等, 2007. 红豆杉属植物组织培养方法及其影响因素研究进展[J]. 甘肃农业科技(12): 38-41.

孙志强, 孙占育, 席梦利, 2010. 针叶树体细胞胚胎发生研究进展[J]. 林业科技开发, 24(4): 11-15.

谭文澄, 戴策刚, 1997. 观赏植物组织培养[M]. 2版. 北京: 中国林业出版社.

陶延珍, 李枫, 李毅, 2008. 箭杆杨组织培养再生体系的建立[J]. 西北农林科技大学学报(自然科学版)(3): 203-207.

覃婕, 黄钊, 2017. LED组合光源对红掌愈伤组织培养的影响[J]. 农业与技术, 37(4): 32.

田鹏飞, 朱旭飞, 童甜甜, 等, 2018. 林木植物组织培养及存在问题的研究进展[J]. 南方农业, 12(33): 142-143.

唐巍, 欧阳藩, 郭仲深, 1998. 火炬松成熟合子胚培养直接体细胞胚胎发生和植株再生[J]. 应用与环境生物学报, 4(2): 103-106.

王蒂, 陈劲枫, 2013. 植物组织培养[M]. 北京: 中国农业大学出版社.

王蒂, 2003. 细胞工程学[M]. 北京: 中国农业出版社.

王蒂, 2004. 植物组织培养[M]. 北京: 中国农业出版社.

王清连, 等, 2002. 植物组织培养[M]. 北京: 中国农业出版社.

王国平, 刘福昌, 2002. 果树无病毒苗木繁育与栽培[M]. 北京: 金盾出版社.

王得元, 2002. 蔬菜生物技术概论[M]. 北京: 中国农业出版社.

王永平, 史俊, 2010. 园艺植物组织培养[M]. 北京: 中国农业出版社.

王镭, 张英杰, 张京伟, 等, 2019. 月季组培快繁技术研究进展[J]. 黑龙江农业科学(6): 179-182.

王艺程, 2020. 月季高效增殖和生根条件的优化研究[J]. 上海农业科技(1): 88-90, 118.

王小雄，2010. 日本落叶松体细胞胚胎发生的研究[J]. 安徽农业科学，38(4)：2118-2121.

王亚馥，崔凯荣，陈克明，等，1993. 小麦组织培养中体细胞胚胎发生的细胞胚胎学及淀粉消长动态的研究[J]. 实验生物学报，26(3)：259-267.

王德欢，施先锋，张娜，等，2016. 红掌组织培养育苗技术的研究进展[J]. 贵州农业科学，44(10)：107-110.

王勇，2020. 蝴蝶兰'红天鹅'组织培养及快繁技术[J]. 园艺与种苗，40(3)：33-36.

王振龙，杜广平，李菊艳，2011. 植物组织培养教程[M]. 北京：中国农业大学出版社.

韦三立，2001. 花卉组织培养[M]. 北京：中国林业出版社.

汪本勤，2013. 植物组织培养技术[M]. 合肥：安徽大学出版社.

汪小雄，卢龙斗，郝怀庆，等，2006. 松杉类植物体细胞胚发育机理的研究进展[J]. 西北植物学报，26(9)：1965-1972.

吴冬，王红梅，2011. 景观树种红叶石楠的组织培养[J]. 海南师范大学学报（自然科学版），24(3)：314-316，321.

吴殿星，2004. 植物组织培养[M]. 上海：上海交通大学出版社.

熊丽，吴丽芳，2002. 观赏花卉的组织培养与大规模生产[M]. 北京：化学工业出版社.

谢从华，2004. 植物细胞工程[M]. 北京：高等教育出版社.

许继宏，马玉芳，陈锐平，等. 2003. 药用植物组织培养技术[M]. 北京：中国农业科技出版社.

许智宏，卫明，1997. 植物原生质体培养和遗传操作[M]. 上海：上海科学技术出版社.

向丹，喻娜，赵静，等，2020. 正交试验法优化红掌'阿拉巴马'叶片的组织培养体系[J]. 现代园艺，43(7)：15-17.

杨本鹏，张树珍，辉朝茂，等，2004. 巨龙竹的组织培养和快速繁殖[J]. 植物生理学通讯(3)：346.

杨尧，2012. 非洲菊的组织培养研究[J]. 农学学报，2(3)：31-35.

杨金玲，桂耀林，郭仲琛，1999. 云杉属树种的体细胞胚胎发生[J]. 植物学通报，16(1)：59-66.

杨金玲，桂耀林，杨映根，等，1997. 白杄体细胞胚胎发生及其植株再生[J]. 植物学报，39(4)：315-321.

杨玲，高翔翔，沈海龙，等，2008. 植物体细胞胚胎发生研究进展[J]. 世界林业研究，21(3)：16-20.

杨寻，2021. 植物组织培养研究进展[J]. 现代化农业(12)：31-33.

杨洋，周文超，2018. 大花蕙兰组织培养技术研究[J]. 亚热带植物科学，47(3)：277-280.

叶玲娟，赖钟雄，苏齐珍，等，2009. 相思树的愈伤组织培养及其组织细胞学观察[J]. 中国农学通报，25(16)：39-44.

余素芹，李正新，谌生慧，1991. "ABT"生根粉在植物组织培养中的应用[J]. 贵州农业科学(5)：8-7.

朱至清，2003. 植物细胞工程[M]. 北京：化学工业出版社.

朱建华，2002. 植物组织培养实用技术[M]. 北京：中国计量出版社.

张圣方，倪德祥，1985. 植物组织培养与繁殖上的应用[M]. 上海：上海教育出版社.

张献龙，唐克轩，2004. 植物生物技术[M]. 北京：科学出版社.

张弓，张继福，1995. 高山红景天组织培养技术研究[J]. 特产研究(4)：26.

张继东，2013. 户太8号葡萄组织培养快繁技术[J]. 中国林副特产，5(126)：43-46.

张灵灵，蒋细旺，2016. 樱花组织培养研究现状、问题及展望[J]. 江汉大学学报(自然科学版)，4(2)：144-150.

张涛，2008. 植物体细胞胚胎发生起源研究进展[J]. 生物学教学，33(9)：10-11.

张涛，2007. 芸芥体细胞胚胎发生的组织细胞学研究[J]. 园艺学报，34(1)：131-134.

张晓英，谢炳乾，郭伟，2019. 红掌的组织培养技术[J]. 陕西林业科技，47(5)：57-58.

张彦妮，2006. 影响植物组织培养成功的因素[J]. 北方园艺(3)：132-133.

褚剑峰，2005. 红叶石楠的组织培养及大规模快繁技术[J]. 浙江农业科学(2)：110-112.

宗树斌，2011. 微型月季的组培快繁技术[J]. 安徽农学通报，16(13)：74-75.

赵永焕，刘成海，武延华，1998. 红景天的研究与应用[J]. 中国林副特产(3)：44.

赵华艳，卢善发，晁瑞堂，2001. 杨树的组织培养及其基因工程研究[J]. 植物学通报,18(2):169-176.

曾长立,2005.非洲菊的组织培养与快速繁殖[J].江汉大学学报,33(4):35-38.

周玉珍,2009.园艺植物组织培养技术[M].苏州:苏州大学出版社.

附录1 任务实训报告

专业：	班级：	姓名：	学号：
实训时间：		实训地点：	
指导教师：		评分：	
参与人员：			
实训目的与要求：			
实训内容与步骤：			
实训体会与建议：			
教师评语：			

注：本表按工作任务填写。

附录 2　乙醇稀释简便方法，稀酸和稀碱的配制方法

1. 乙醇稀释简便方法

稀释原理是稀释前后纯乙醇量相等，即原乙醇浓度×取用体积＝稀释后浓度×稀释后体积。

例如，原乙醇浓度为 95%，欲配成 70% 乙醇。配制方法为：取 95% 乙醇 70mL(稀释后的乙醇浓度数值)，加蒸馏水至 95ml(原乙醇浓度数值)，摇匀，即为 70% 乙醇。这里原乙醇浓度为 95%，取用体积为 70mL，设稀释后浓度为 x，稀释后体积为 95mL，代入上述公式，95%×90＝x×95，x＝70%。需要量大时可成倍增加。

2. 1mol/L 盐酸溶液的配制

取浓盐酸(比重 1.19)82.5mL 加蒸馏水 1000mL，即为 1mol/L 盐酸溶液。

3. 1mol/L 氢氧化钠溶液的配制

称取氢氧化钠 40g，加入蒸馏水 1000mL，即为 1mol/L 氢氯化钠溶液。

附录3 常用英文缩略语

ABA	脱落酸	Gl_n	谷氨酰胺
AC	活性炭	IBA	吲哚丁酸
ABT	生根粉	IPA	吲哚丙酸
ADP	腺苷二磷酸	KT	激动素
AR	分析试剂	lx	勒克斯
AMP	腺苷一磷酸	LH	水解乳蛋白
ATP	腺苷三磷酸	MS	培养基
ASP	天冬氨酸	NAA	萘乙酸
alc	乙醇	NBA	萘丁酸
BA	苄基腺嘌呤	n	单倍数
cal	卡	PGA	叶酸
CK	对照	RNA	核糖核酸
CH	水解酪蛋白	RH	水解核酸
CM	椰乳	TDZ	噻苯隆
CPA	对氯苯氧乙酸	TMV	烟草花叶病毒
DNA	脱氧核糖核酸	TCA	三氯乙酸
DM	干重	TEMED	四甲基乙二胺
ER	培养基	TIBA	三碘苯甲酸
$EDTA-Na^2$	乙二胺四乙酸二钠	UV	紫外线
F1	杂种一代	VC	抗坏血酸
FAA	福尔马林—醋酸—乙醇液	YE	酵母提取物
GA	赤霉素	ZT(ZEA)	玉米素
gel	凝胶	2,4-D	二四滴
GH	生长激素	2-ip	2-异戊烯腺嘌呤
IAA	吲哚乙酸		